エスカレーション

北朝鮮 vs. 安保理
四半世紀の攻防

藤田直央
Fujita, Naotaka

目次

※文中敬称略とした。

プロローグ　近くて遠い国

パソコンの画面で、チマ・チョゴリの制服を着たショートカットの若い女性が日本語で訴えている。思い詰めたような表情。平壌の喫茶店で撮影された動画だ。

「国交正常化は私たちの肩にかかっています。近くて遠い国ではなく、近くて近い国にするためにがんばりましょう」

交流事業で二〇一七年八月に平壌を訪れるはずだった日本の大学生らが、突然行けなくなった。この動画は中止を惜しむ北朝鮮の大学生からのメッセージだ。

事業を企画したのは、絵画のやり取りを通じ日朝の子どもたちの交流を二〇〇一年から支えてきた、日本を拠点に活動するグループだ。北朝鮮での自然災害と飢餓が報じられた一九九〇年代から人道支援に取り組んできた、国際ＮＧＯや在日コリアンの団体が中心だ。

五年前に始めたこの事業では、日本の大学生らが毎年夏に平壌を訪れ、北朝鮮の大学生らと意見を交わす。互いのふだんの暮らしや社会の様子から、最近の北朝鮮の核・ミサイル問題や、戦前の日本の植民地支配のことまで語り合ってきた。

二〇一七年も八月一七〜二四日に平壌を訪れたが、前年も参加した大学生二人は取りやめ、NGO関係者だけになった。八月に入り、北朝鮮の核・ミサイル問題で米朝間の緊張が急速に高まっていた。

「世界が見たことのない炎と怒り」

二〇一七年八月八日、米ニュージャージー州のトランプ・ナショナル・ゴルフ・クラブでのことだ。米政府が取り組む薬物対策の会議の冒頭撮影で、記者が「北朝鮮の核能力に関する報道」について問いかけると、大統領トランプは待ち構えていたように語り出した。

「これ以上米国を威嚇しないことだ。世界が見たことのない炎と怒り、はっきり言えば「力」に直面するだろう」

北朝鮮は、七月にＩＣＢＭ（大陸間弾道弾）級ミサイルを二度にわたり発射した。米国は対抗して戦略爆撃機をグアムから朝鮮半島上空に飛ばし、国連安全保障理事会は八月五日に経済制裁の決議を採択した。トランプの「炎と怒り」発言から三時間後、朝鮮中央通信は八日付の北朝鮮軍の声明を配信した。弾道ミサイルを扱う戦略軍の報道官が、米国への警告として、新型中距離弾道ミサイル・火星12で米軍基地がある米領グアム島の周辺への射撃を検討中だと表明したのだった。

応酬はさらに続く。米国防長官マティスは九日に「体制崩壊につながる行為をやめよ」と声明を出して牽制した。北朝鮮の戦略軍司令官が「グアムへの射撃は島根、広島、高知の上空を通る」と発表したと伝えられると、日本では、防衛省が一二日に各県に自衛隊の迎撃ミサイルを配備。防衛相の小野寺五典はグアム攻撃が集団的自衛権を行使できる日本の「存立危機事態」になりうると一〇日に国会で発言し、物議を醸していた。

平壌外国語大学日本語学科５年生の李錦海さん(右)と金哲茂さん．訪朝した日本のNGO関係者が2017年8月20日に撮影した動画から

交流事業に取り組むグループの懸念は増すばかりだった。大学生らの身にもしものことがあれば、ようやく軌道に乗りかけたこの事業が来年から難しくなる――。来年以降に大学生交流をつなぐため、あえて今年は見送り、二人に「今回の渡航はあきらめてほしい」と伝えた。

二人は一七日、北京経由で平壌に向かうＮＧＯ関係者を羽田空港に見送りに来た。会えるはずだった平壌外国語大学の学生らへのメッセージ動画を、その場で、タブレットで撮った。「交流のために毎晩遅くまで起きて議論を重ねたのに」「すごく残念です。いつか会える日まで勉強をがんばるんで、皆さんも日本語をがんばって下さい」。二人は、声を詰まらせながら無念さを語った。

二〇日、平壌外国語大学の日本語学科の五年生三人が、平壌でＮＧＯの関係者の案内役を務めた。ＮＧＯ関係者が滞在先のホテルの喫茶室で動画を見せると、三人は、その動画をじっと見つめた。返事としてその反応を撮ったのが、冒頭に紹介した女子学生の動画だ。

李錦海（リクムヘ）さんは、募る思いをこなれた日本語で語り続けた。

「科学技術が発展して船でも飛行機でも来られるのに、自由に交流できない。本当に残念です」

傍らの二人の男子学生、金哲茂（キムチョルム）さんと河銀哲（ハウンチョル）さんは言葉少なだった。

若い世代の交流を未来へつなごうとするこうした地道な試みを、現在進行形の国際情勢の悪化が翻弄し、北朝鮮がさらに「遠い国」になっている。

ＮＧＯ関係者に対する平壌外国語大学の説明では、大学では約二五〇〇人が二三言語を学んでおり、日本語学科に五年生は一一人いるが、四年生以下は五人に減った。北朝鮮当局が外国語の専門家を育てるこの大学での、日本の存在感の低下を物語っている。

国際社会の模索

北朝鮮は核・ミサイル開発を続け、日本人拉致を含む人権問題にも取り組もうとしない――。国際社会の批判は厳しさを増すばかりだ。

一枚の風刺漫画がある。二〇〇六年八月二日、ニューヨークにある国連本部の安全保障理事会の非公式協議で、対北朝鮮強硬派で知られた米国大使ボルトンが配ったものだ。やせこけた人々が「テポドン2」と書かれたミサイルを担いで投げるが、すぐ近くの海に落ちる。その様子を監視台から見ている北朝鮮のリーダーを一人が見上げ、「食べ物をくれればもっと遠くに投げられたのに」と話しかけている。

2006年8月2日の国連安保理の非公式協議で米国大使ボルトンが配った風刺漫画.「食べ物をくれればもっと遠くに投げられたのに」(Mike Keefe, In Toon. Com)

約ひと月前、米国独立記念日の七月四日、北朝鮮が発射したミサイル七発が次々と日本海へ落ちた。日米は安保理で「核兵器と結びつけば国際社会への脅威だ」と訴え、核・ミサイル問題で初めて北朝鮮を非難する決議を主導した。七発のうち唯一の長距離弾道ミサイルが、打ち上げに失敗したテポドン2だった。

弾道ミサイル発射を揶揄したこの作品はその二日後に描かれた。作者のマイク・キーフェは米国出身。国内外の時事問題の風刺漫画で知られ、優れた報道に贈られるピュリツアー賞を二〇一一年に受賞している。米海兵隊員だったこともある。

飢える北朝鮮の人々に食糧を送ってもむだだ。人道支援すら兵器につぎ込むのが、金一族が世襲する独裁政権だ——。風刺漫画を使った異例のアピールでボルトンが示した北朝鮮観は、その後も核・ミサイル開発に対応を迫られ続ける安保理で、ますます幅をきかせている。

二〇〇六年一〇月から一七年九月までに、北朝鮮は六度の核実験を行った。発射を重ねた弾道ミサイルは、いまや米本土を射程に入れつつある。安保理では、この「国際社会への脅威」に対し、「北朝鮮を対話に向かわせるための圧力」として、九本の制裁決議を採択してきた。それでも北朝鮮は止まらない。

冷戦後も分断されたままの朝鮮半島で、北朝鮮は、孤立感から逃れるように核兵器への依存を深める。悪化の一途をたどる核・ミサイル問題のエスカレーションは、どうすれば防げるのか。四半世紀にわたる国際社会の模索が続く。

第Ⅰ部
冷戦終結後　安保理の試練

「不死鳥」の壁画がある議場で開かれた初の国連安全保障理事会サミット(1992年1月31日，国連のミルトン・グラント撮影)

第1章 第一次核危機 苦闘の始まり

一九九三〜九四年

北朝鮮のNPT脱退宣言

米国のニューヨーク・マンハッタン島東岸、イーストリバーに臨む国連本部ビル議会棟。一九九二年一月三一日、ここで史上初の「安全保障理事会サミット」が開かれた。米大統領ブッシュ、ロシア大統領エリツィン、そして日本の首相、宮沢喜一を含めた安保理一五理事国の首脳らが集い、英首相メージャーが全会一致の議長声明で「この新たな国際情勢は、安保理が国際平和と安全の維持のために担う主要な役割を完遂するにふさわしい」とうたい上げた。

資本主義陣営と社会主義陣営による冷戦が八九年に終わり、九一年の湾岸戦争では、米国と、ロシアの前身のソ連が足並みをそろえた安保理での決議の下に、多国籍軍がイラクに侵攻されたクウェートを解放した。紛争地での国連平和維持活動（PKO）も急増していた。

第二次世界大戦の戦勝国を中心に国連が生まれてから半世紀近く。安保理の議場「チェインバー」では、馬蹄形に並ぶ席に着いた一五理事国の首脳らを、巨大な壁画が見下ろしていた。灰の中から現れ、翼を広げる不死鳥。戦後の世界の再建を国連が率いるという象徴だ。

朝鮮半島を南北に分断してきた韓国と北朝鮮も九一年に国連に同時に加盟。米ソ対立から解き放たれた安保理には、いよいよ「主要な役割」を果たそうとする高揚感があった。

それを揺さぶったのが、北朝鮮の核開発疑惑だった。当時北朝鮮では、八〇歳になる国家主席の金日成から、五〇歳を過ぎた長男、金正日への権力移行が進んでいた。

一九九三年三月一二日、北朝鮮は、核軍縮・不拡散を掲げる核不拡散条約(NPT)からの脱退を表明する。それに先立つ九二年から、国際原子力機関(IAEA)は北朝鮮が申告した施設の査察をしていたが、核兵器の原料となるプルトニウムの保有量を偽っている疑いがあるとして寧辺(ニョンビョン)近郊の未申告施設への特別査察を要求。北朝鮮はこの件と、九三年に再開された米韓合同軍事演習に反発し、「社会主義制度を擁護するための自衛権行使だ」と主張しての行動だった。

一九一七年のロシア革命を経た建国以来、社会主義を担ってきたソ連は九一年一二月に崩壊していた。韓国はソ連と九〇年に国交を樹立しており、ロシアに引き継がれた。中国も韓国と九二年八月に国交を結び、中国共産党の機関紙・人民日報は「中韓国交樹立は国際社会の普遍的な歓迎を受けている」と伝えた。世界が冷戦終焉に沸く中で、北朝鮮は孤立を深めていた。

北朝鮮がNPT脱退表明をした日、安保理の非公式協議に、一五理事国の国連大使らが集ま

国連安全保障理事会の非公式協議で使うコンサルテーションズ・ルーム(2013年3月27日，国連のエスキンダー・デベベ撮影)

った。公式協議で使う議場の隣にある「コンサルテーションズ・ルーム」。広さ三〇畳ほどの会議室に縦長の「コ」の字型に机が並び、国名を記す細長いプレートが各国代表の席に置いてある。月替わりの議長国を真ん中に七人ずつ向かい合い、ひじが触れあうような間隔で座る。

理事国間で協議する時間の八割は、実はこの会議室で費やされると言われる。ガラスの壁の向こうにある分かれた小部屋では、通訳が議事を見ながら、国連公用語の英仏ロ中、スペイン、アラビアの六カ国語で同時通訳をする。紙の読み上げが基本の公式協議と違い、丁々発止の議論が展開され、公式の議事録はない。次に発言を望む国の代表は、国名のプレートを縦にして穴に差し込み、早い順に議長が指名する。

節目の協議では五〇人ほどが集まりすし詰めになる。各国代表の後に陪席する外交官が一、二人ずつ。国連事務局の職員で事務総長に報告するためメモにペンを走らせる者が一、二人、月替わりの議長国の代表を補佐するより抜きの職員が一人。この補佐役は各国代表がプレートを縦にする早さに目を光らせ、順番を書いた紙を議長に差し入れる。

北朝鮮のNPT脱退表明を受けた非公式協議では、決議に拒否権を行使できる五常任理事国のうち、米英仏ロは北朝鮮を非難した。任期二年の非常任理事国一〇カ国の一員だった日本も同調。国連大使の波多野敬雄は「安保理は速やかな対応を」と強調した。首相の宮沢は当時、「北朝鮮がNPT脱退で何を得るのか不可解だが、考え直してもらうために日米韓で協力が必要だ」と語っていた。

だが、残る常任理事国の中国が「圧力には反対だ。安保理に持ち込んでも解決に資さない」と議論を拒んだ。また中国は、国連に詰めている各国メディアにこの日の協議をどう説明するかについて、三月の議長国ニュージーランドが提案した「事態の掌握に努める」という決まり文句も拒否した。英国が「脱退については安保理に連絡するとNPTの条文に書いてある」と安保理の役割を説いても、中国は「議長は中国以外のメンバーと今後相談する、という説明はできるだろう」とにべもなかった。

北朝鮮問題に安保理を関わらせまいとする中国の姿勢は、冷戦期と同じだった。背景には、欧州と異なり、なおも冷戦構造が残る朝鮮半島をめぐる、安保理との長い因縁がある。

初の決議案

第二次世界大戦で敗れた日本の植民地支配が終わり、冷戦下で一九四八年に韓国と北朝鮮が建国。五〇年に北朝鮮が韓国へ侵攻し、朝鮮戦争が始まる。安保理では韓国を支援するため、米主導の国連軍を立ち上げる根拠となる決議が採択された。しかし、ソ連や中国はこれに関わっていなかった。当時は中国と代表権を争う台湾の方が国連に加盟して常任理事国となっており、ソ連はそれに抗議して常任理事国ながら安保理を欠席していたのだ。

中国は北朝鮮を支援して参戦、五三年に中・朝と国連軍が休戦協定を結んだ。三年にわたる朝鮮戦争の犠牲者は、数百万人にのぼるとも言われる。

その後世界に中国を承認する国が増え、七一年に国連総会で台湾と入れ替わりに代表権を認められて国連に加盟。同時に安保理の常任理事国になってからは、拒否権で決議を封じられるようになった。長年にわたって中国は、隣接する朝鮮半島での南北対立が自国の安全保障に直結するという立場から、「当事者」以外の関与を拒んできた。

だが、米国と核戦力を均衡させてきたソ連が崩れて冷戦が終わると、世界の安全保障にとって核兵器の不拡散が喫緊の課題となった。

一九九三年四月一日、IAEAは、北朝鮮が特別査察を拒む問題を賛成三五、反対二で安保理に付託することを決定した。この付託に反対した中国もNPTを重視しており、北朝鮮の核保有は許せなかった。七〇年に発効したNPTで、核兵器を開発済みだとして保有を認められた「核兵器国」は、安保理の常任理事国と同じ五カ国だ。このうち米英仏ロが北朝鮮にNPT復帰を求める決議案を練り、中国と非公式協議などで交渉を重ねた。

妥協の末に、北朝鮮の核問題で初の決議案がまとまった。核の平和利用のために、北朝鮮に対しNPT脱退表明の「再考」と特別査察の受け入れを「要請」。当初の「撤回」「要求」よりも表現は弱まった。

五月一一日夕、安保理の「チェインバー」で決議案を採択する公式協議が始まった。議題に関係の深い「特に影響を受ける国」として北朝鮮と韓国も投票権なしで出席が認められ、各国の国連大使らが意見を述べた。

それは、核・ミサイル開発に突き進む北朝鮮のエスカレーションを止められないまま、四半世紀を経た今も続く、国際社会の苦闘の始まりを告げる討論となった。

公式協議での議論の応酬

北朝鮮と韓国の国連大使二人は、五月の議長国を務めるロシアのウォロンツォフに促され、一五理事国の国連大使らが並ぶ席に加わった。

採決を前に、まず北朝鮮の朴吉淵（パクキルヨン）が発言した。安保理に対する抗議が延々と続いた。

「NPTを脱退するのは、米国が我々の社会主義制度を窒息させようとするためだ。非核国としてNPTに入れば米国の核の脅威がなくなると望んだのに、増している。核兵器国が非核兵器国の運命を意のままにする二重基準だ」

「安保理がその使命をふまえて朝鮮半島の安定と平和に貢献したいのなら、核問題を公平に解決すべきだ。もしこの不公正な決議で圧力をかけるなら自衛措置をとらざるを得ない。単なる言葉ではない」

韓国の柳宗夏(ユジョンハ)は遺憾の意を示した。「コリアの半分ずつの代表が国際社会の面前で、同じ民族の将来を左右する大量破壊兵器の問題で、不一致をここまであらわにしている。本当に嘆かわしい」

「北朝鮮の行動は、九二年発効の朝鮮半島非核化共同宣言で核関連施設を持たないとした合意を無にするものだ。この決議が核開発疑惑を解決する最後の手段となることを望む。韓国には対話の用意がある」

韓国では九三年二月に大統領の金泳三(キムヨンサム)が三二年ぶりに本格的な文民政権を樹立しており、北朝鮮国家主席の金日成に首脳会談を呼びかけていた。

北朝鮮の核問題で初の決議

次に安保理の各理事国が順に発言した。米国大使は、発足間もないクリントン政権のオルブライト。後に女性初の米国務長官となる九〇年代の米朝協議のキーパーソンだ。

「一〇代に若返った気にさせてくれてありがとう」。朴の米国批判に熱くなったとまずジョークで返し、米国批判を「冷戦期の最悪の言辞」と切り捨て、米国の核政策を説いた。「盧泰愚(ノテウ)大統領が九一年に宣言した通り、韓国に核兵器はない。米国は七八年には、米国と同盟国を攻撃しない限り、NPTに加盟する非核兵器国に核を使用しないと宣言している」

米朝の応酬を見つつ、一〇年後に外相となる中国の李肇星(リヂャオシン)は決議案採決への棄権を表明した。「中国はNPT加盟国として朝鮮半島の非核化を唱えてきたが、この問題は当事者の北朝鮮と米韓などで話すべきだ。安保理の関与は事態をエスカレートさせる」

朴は再発言を求め、「日本が最近プルトニウムをため込んでいることは取り上げないのか」と述べた。日本政府は、原発の使用済み燃料を再処理したプルトニウムを再び燃料に使う核燃料サイクルに本腰を入れようとしていた。確かに、プルトニウムは米国が長崎に落とした原爆の原料でもあった。

大使の波多野敬雄は「日本は核を持たない、作らない、持ち込ませない、の非核三原則を持ち、IAEAの査察を完全に受け入れている。国際社会の矛先を変えようとしてもむだだ」と反論した。首相佐藤栄作が非核三原則を表明する一九六七年まで、波多野は、佐藤が晩年も指示を仰いだ元首相吉田茂の元に外務省から秘書官として派遣されていた。

一五理事国による採決で、賛成は日米など一三、反対はなし。北朝鮮の核問題で初めてとなる安保理決議が採択された。

棄権は中国ともう一カ国、パキスタンだった。大使マーカーは、インドの核の脅威が解消されない限りNPTには入らないと前置きし、棄権の理由を説明した。NPTでは「異常な事態が自国の至高の利益を危うくする場合」は加盟国に脱退が認められていることを指摘し、中国と同様に「対話は当事者間で」と訴えた。インドとパキスタンは九八年に核保有を宣言。いまもNPTに非加盟だ。

米朝協議を選んだアメリカの思惑

安保理は全会一致での結束を示せなかった。ただ、それは中国の抵抗というより、米国の思惑だった。

オルブライトは決議採択を受け、「事態の解決へ直接対話をいとわない」と表明。米朝はすでに北京で接触を重ねており、ニューヨークでの高官協議へ調整が進んでいた。

議長のウォロンツォフが、二時間を超す議論をロシア代表としての発言で締めくくった。「北朝鮮のNPT脱退は地域と国際社会への重大な脅威だ。多国間の努力を、二国間の対話との二人三脚で進めるべきだ」

ウォロンツォフは、かつて米国と対峙したソ連で外務第一次官から国連大使に就任。ソ連崩壊後に常任理事国の地位はロシアに引き継がれていた。そのロシアの大使も、中国の李が棄権表明の際に「歓迎」したのと同様に、米朝協議への期待を示した。

当時の安保理での力関係は、波多野の目に「ソ連が消えて米国が支配していた。中国の存在感もなかった」と映るほどだった。ストックホルム国際平和研究所によると、九三年の米国のGDP（国内総生産）は中国の八倍、軍事費は一八倍。二〇一六年の一・五倍、二・六倍と比べれば、冷戦直後の米国の優位は圧倒的だった。

ただ、米英仏ロの決議案採択へ調整を主導したのは英国だった。米国は、その優位を生かして決議の内容を強めることや、中国の賛成を得ることにこだわらなかった。それは、米国が安保理よりも米朝協議による解決を選んだからだ。

米国だけを相手にする北朝鮮の姿勢も徹底していた。日本とは九一年に始まっていた国交正常化交渉を九二年に中断し、核開発疑惑についての協議も拒んだ。波多野は、米朝協議に関わる次席大使の許鍾（ホジョン）を国連のロビーで見かけるとコーヒーに誘ったが、政策的な話にはまったく反応しなかった。

北朝鮮は、安保理に対しては関わらないように牽制した。朴は六月三日、議長国スペインの大使ヤヌスバルヌエボに会い、「制裁が強行されれば半島は大惨事だ」と告げた。議長が「重大な発言だ。もう一度」と求めると、「四三年前の六月のようになる」と朝鮮戦争の再発すらほのめかした。

米朝高官協議は六月二日、国連のそばにある米国代表部で始まった。NPTは加盟国に対し、脱退三カ月前に通告を求めている。北朝鮮の脱退表明が発効する一二日が迫っていた。

協議には国務次官補ガルーチと第一外務次官の姜錫柱（カンソクジュ）が出席。波多野は協議のたびに、韓国大使の柳とともに米国代表部の別室で待ち、数時間の協議が終わると、柳の後で呼び込まれてガルーチから二〇分ほど説明を受けた。「きわめて表面的でつまらない内容」に不満を覚えた。

一一日に出た米朝共同声明の内容は、互いに核の脅威を与えないと保証、北朝鮮はNPT脱退を留保し、特別査察の受け入れは継続協議――。「北朝鮮が核開発を止めることになっていない」と波多野は驚いた。

だが、ガルーチは波多野に「これで核開発は止まる。北朝鮮は前向きだ」と自信たっぷりに語ると、説明を切り上げてワシントンへの帰途についた。波多野は東京に報告した。「そのように米国が考える根拠は、まったく示されなかった」

ソウルを火の海に　難航する交渉

北朝鮮の核開発疑惑をめぐる一九九三年六月の米朝協議から五カ月後。北朝鮮がNPTからの脱退を留保し、IAEAの特別査察受け入れは継続協議となったまま、交渉は難航していた。一一月二九日、国連安全保障理事会の非公式協議で、米国の代表は直近の米韓首脳会談をふまえて状況を説明した。

「九月に予定していた米朝協議が開かれないのは、北朝鮮が査察に応じず、韓国との対話を再開しないからだ。これらに応じれば、米国はチーム・スピリット94（翌年の米韓合同軍事演習）をやめる用意がある」

そして、国交正常化を望む北朝鮮に対し、「核を捨てれば、扉は米国だけでなく世界に開かれる。クリントン大統領は明言している」と語った。米国の努力に日本は謝意を示しつつ、「再協議が不調であれば安保理で議論を」と求めた。

九四年三月、事態は大きく動く。北朝鮮は査察に応じたが、妨害もした。ＩＡＥＡは二二日、この問題の安保理付託を賛成多数で決めた。

二四日の安保理非公式協議でＩＡＥＡ事務局長のブリクスが査察結果を報告した。ＩＡＥＡによる複数の封印が破損された様子を映像で示し、「情報の継続性が失われた」と述べた。核兵器の原料となるプルトニウムの抽出が確認できなくなっていたのだった。

北朝鮮の核問題を仕切るはずだった米朝協議の停滞をふまえ、三月の議長国フランスの大使メリメが強調した。「北朝鮮のＮＰＴ軽視は明らかだ。安保理で取り上げるべきだ」

板門店で再開した南北対話も一九日に決裂し、北朝鮮側は「ソウルはここから遠くない。火の海になるだろう」と発言。毎年春に行う米韓合同軍事演習をどうするかは宙に浮いたまま、米国は北朝鮮への経済制裁、そして軍事衝突に備え検討を本格化させた。

安保理では非公式協議が続く。二五日、米国は「安保理の決意を示すために必要だ」として、安保理の意思表示として最も強い形式の決議を求めた。三〇日には中国を除く常任理事国四カ国で案を示した。「北朝鮮はＩＡＥＡに査察を完遂させ、南北対話の再開を。安保理は必要ならさらなる行動を考える」と、経済制裁をちらつかせる内容だった。

中国は「脅しと圧力は逆効果だ」と決議への拒否権行使を示唆した。北朝鮮にＮＰＴ復帰を要請した前年の決議では棄権していたため、他の理事国からブラフとみられていた。だが、三〇日に「最終案だ」として決議より一段低い形式の議長声明の案を出した。

議長声明は全会一致が原則だが、中国案では決議案の「さらなる検討」になるなど、表現も弱まっていた。英国は「穏当な声明に時間を費やしているうちに危機に直面する」と批判した。議長のメリメも「エネルギッシュな言葉が少ない」と不満を示したが、安保理の結束を優先して決議をあきらめた。議長声明は三一日に出た。

動けない安保理

北朝鮮はさらに核開発疑惑を深める挙に出る。五月半ば、実験用原子炉から燃料棒の引き抜きを開始した。継続されればプルトニウムの軍事転用を検証できなくなる、とIAEAは危機感を強めた。だが、三〇日に再び出された安保理の議長声明は、北朝鮮にIAEAへの協力を「強く促す」にとどまった。

ブリクスは改めて六月三日の非公式協議に出席し、「このままでは干し草の山から針を探すようなことになる。IAEAの査察官は警察官ではない。軍事転用を見つければ報告はするが、止められない」と対応を急ぐよう訴えた。各国の質問が相次ぐ中、中国が「落ち着こう」と述べると、沈黙が流れた。

安保理が動けないのを見透かすように、北京では四日、北朝鮮の駐中国大使朱昌駿(チュチャンジュン)が記者会見し、「経済制裁は宣戦布告とみなす」と牽制して米朝協議再開を要求した。

米国は応じなかった。大統領クリントンは五日に米ABCテレビのインタビューで「もし国連で失敗すれば、米国だけでの制裁も検討する」と語った。日韓との連携も探っていた。

その頃、外務省の総合外交政策局長の柳井俊二と国連政策課長の吉川元偉（もとひで）は、ワシントンへ飛んだ。米国は、北朝鮮への経済制裁では朝鮮戦争以来の蓄積を持っている。国務省の一室に集まった各省の「制裁担当」から二人に対して話が続いた。米国はこのような制裁を実行するが、日本はどこまで行動をともにできるのか——。

「日本の省庁には、制裁担当の役人なんていませんね」。準備不足を実感した吉川は帰途、柳井とそんな話をした。経済制裁の大義とメニューを示す安保理決議もない中で、受け身だった日本政府では、法整備を含め制裁の検討は進んでいなかった。米国は在日朝鮮人による北朝鮮への送金停止を強く望んだが、それすらおぼつかなかった。

日本では政権交代で政治が揺れていた。九三年八月に発足した非自民連立の細川内閣が九四年四月に退陣し、後継の羽田内閣も少数与党で不安定だった。野党となった自民党は、政府に北朝鮮への経済制裁を迫りつつ、「実際に何ができるのか」と外務省に問い合わせた。アジア局審議官の竹内行夫が、永田町の自民党本部へ説明に向かった。

政務調査会長の橋本龍太郎ら幹部四、五人を前に、竹内は「検討は進んでいません」と明かした。橋本が声を荒らげた。「そんなことでどうするんだ。できるけどわれわれ野党に言えないのならまだわかるが、本当にできないのならもっと悪い」

大規模戦争の瀬戸際

六月一三日、日本の焦りをよそに、北朝鮮は対立を深めたＩＡＥＡから脱退を表明。米国は安保理の非公式協議で「最高レベルで対応を協議中」と説明する一方で、一五日に国連大使オルブライトが制裁決議案を公表した。すべての経済援助を止め、北朝鮮が態度を変えなければ送金停止などの経済制裁に踏み切るというものだった。

国防長官ペリーは、朝鮮半島への兵員や兵器の輸送や攻撃態勢について、米軍首脳と細かく協議し、日本政府にも在日米軍基地使用について相談していた。一六日にはホワイトハウスでの国家安全保障会議(ＮＳＣ)で、北朝鮮が制裁に対して軍事行動に出た場合、どう対応するかについてクリントンと詰めていた。

そこへ、一五日から「個人の資格」で訪朝中の元大統領カーターから、国家主席の金日成が核開発凍結に応じそうだという電話が入った。軍事衝突の回避へ向け、北朝鮮との意思が通じたのだ。ペリーは「大規模戦争の瀬戸際にあった」と後に語っている。

二三日の安保理非公式協議で、オルブライトはカーター訪朝の結果を説明した。北朝鮮は原子炉に新たな燃料棒を入れず、使用済み燃料棒の再処理もしない。米国はそれを期待するが慎重に見守る。米朝協議が再開するまで、安保理で制裁決議への相談を続けるだろう――。

ただ、次の米朝協議が開かれる時は、核開発に限らず「政治、安全保障、経済のあらゆる問題が対象になる」とも語った。これでは米国の独壇場で安保理の存在感が薄れる、とスペイン大使がほのめかすと、オルブライトは「独占しているわけではない」と鼻白んだ。他にどの国が北朝鮮を御せるの、と言わんばかりだった。

七月、来日したカーターは東京の米国大使館で六日に記者会見し、北朝鮮の核廃棄と、それを進めるためとして日本の支援に期待を示した。大使館員らが別途、カーターを囲んで訪朝について聞く場があった。米海兵隊から出向していたグラント・ニューシャムは、カーターの楽観的な語り口に驚き、その姿を戦前の英首相チェンバレンに重ねた。

チェンバレンは、一九三八年の英仏独伊四カ国首脳会談でヒトラーの要求に応じ、チェコスロバキアのズデーテン地方をナチス・ドイツに割譲するミュンヘン協定を主導した。しかし、止まらないドイツが三九年にポーランドを侵攻して第二次世界大戦が始まったことから、今も宥和政策の失敗の象徴として語られる。

危機をしのいだ米国は安保理をよそに、北朝鮮と新たな駆け引きを始めていた。経済支援によって核開発を止めさせ、朝鮮戦争以来四〇年以上続く対立を解消する。その先にあるのは国交正常化だ――。冷戦終焉直後の一強、クリントン政権の賭けだった。

第2章 日米間の〝ミサイル・ギャップ〟

一九九四〜二〇〇〇年

軽水炉提供をめぐる日米の齟齬

一九九四年五月二四日、ニューヨーク。北朝鮮の核開発疑惑で米朝間に緊張が高まり、国連安全保障理事会が対応を協議していた頃、国連本部ビルの近くの米国国連代表部の一室で、三人の外交官が向き合っていた。

米国務次官補ガルーチ、日本外務省アジア局審議官の竹内行夫、韓国核問題担当大使の金三勲（キムサムフン）。ガルーチが切り出した。

「北朝鮮は軽水炉を望んでいる。建設費の負担は米国では難しい。日韓でお願いしたい」

北朝鮮の原子炉は核兵器の原料となるプルトニウムを作りやすい黒鉛炉だ。これを凍結し、プルトニウムを作りにくい軽水炉を発電用に提供する。九三年からの米朝高官協議で、姜錫柱（カンソクジュ）第一外務次官は「核兵器開発を意図していない証拠」としてガルーチに強く求めていた。

共産主義国家、朝鮮戦争、八七年の大韓航空機爆破――。米国はさまざまな理由で北朝鮮への経済制裁を重ねており、資金拠出は議会の反発もあって難しい。日韓で何とかならないか、というのがガルーチの打診だった。

金は「それで核開発が本当に阻止できるのか」と関心を示した。だが、竹内の反応は厳しかった。「日本海へノドンを撃つような国への支援を、納税者は許さない。日本はキャッシング・マシーンではない」

北朝鮮が、日本全土をほぼ射程に入れる中距離弾道ミサイル・ノドンを東へ撃ったのは、九三年五月二九日。米国からの情報で秘密扱いだったが、危機感を強めた官房副長官の石原信雄は、国内に警鐘を鳴らそうと、約二週間後にノドン発射を記者団にもらしていた。この年の防衛白書では「核兵器開発と結びつけばきわめて危険」と指摘されている。

だが、この件は、「国際の平和と安全の維持に関する主要な責任」(国連憲章)を担うとする安保理で扱われなかった。また、冷戦下の八七年にできたミサイルに関する国際合意MTCRへの参加は、日米など資本主義陣営が中心だった。しかも輸出は規制しているが、開発や配備は禁じていない。

北朝鮮のミサイルが届く日本にとっては、ノドン発射実験は核の脅威と表裏一体だ。しかし、米国はまだまだ太平洋を越えてはこないと思っていた。

不拡散問題の専門家であるガルーチにすれば、核兵器を北朝鮮に造らせないという目的は日本と共有しており、そのための軽水炉供与だった。なぜ竹内はノドン発射という「地域限りの問題」を理由に支援を拒むのか。ガルーチは「奇妙だ。無責任とまでは言わないが」ともらした。竹内は「米国は東アジアの安全保障を本当にわかっているのか」と反論した。

米国とソ連が対峙した冷戦の初期、米国内では、互いを攻撃できるミサイル開発でソ連に劣っているのではないかというミサイル・ギャップ論争があった。ソ連が崩壊した冷戦後、同盟国の日米間で、北朝鮮のミサイルをどう捉えるかという、別のギャップが現れ始めていたのだ。

九三年三月の北朝鮮のNPT脱退表明に端を発した第一次核危機では、九四年六月に元米大統領カーターが訪朝したことで、軍事衝突は回避された。カーターとの会談で、国家主席の金日成が核開発凍結の見返りとして求めたのも軽水炉提供だった。米国は北朝鮮の核放棄に向け、国交正常化も視野に高官協議の再開に応じる。

米朝枠組み合意が成立

ジュネーブで協議が始まった七月八日、金日成は八二歳で急死した。主要国首脳会議(サミット)でイタリア・ナポリにいた米大統領クリントンは、「心からの哀悼を示す。米朝協議を再開した指導力に感謝し、適切に続くよう望む」と記者団に語った。会議中に体調を崩して、現地ナポリで入院した首相の村山富市は、「深甚なる弔意を表したい」との短い談話を出した。

金日成の後継は、二〇年前に指名を受けていた五二歳の長男・金正日だ。金正日新体制下で仕切り直しとなった八月の米朝高官協議では、軽水炉提供について大筋合意し、詰めを急ぐべく次回の協議は九月下旬と決まった。だが、建設費の分担について、日本はまだ首を縦に振ってはいなかった。

九月中旬、ガルーチは、米政府の対北朝鮮チームを率いて東京を訪れ、外務省幹部らとの協議で切り出した。

「次に北朝鮮側と会うまでに日本の資金支援を政治的に保証する首相書簡をいただけないか」

村山はこれに応じ、二一日にクリントン大統領あての書簡を送った。

「北朝鮮による核兵器開発の完全で明確な解決の保証を前提に、軽水炉提供の国際的支援に参加する用意がある」

文案を練った外務省幹部らは、米国を支える姿勢を示しつつ、クギを刺す表現に腐心した。

副総理兼外相の河野洋平は、当時日米間の懸案だった経済協議で訪米し、二二日にホワイトハウスを訪問。クリントンは村山首相の書簡について「感謝する。この問題に全世界が注目している。今後とも日米韓で協力し対処していきたい」と語った。

二三日から始まった米朝協議は一〇月にまたがり、二一日、「米朝枠組み合意」が成立する。

米国は二〇〇三年をめどに軽水炉を提供。北朝鮮は核兵器の原料を作りやすい黒鉛炉を凍結・解体し、九三年に脱退表明した核不拡散条約（ＮＰＴ）にとどまる。国交正常化に向け「互いの懸案」を進展させる——。

ただ、ミサイル問題は合意文書に明示されなかった。「『互いの懸案』に含まれると北朝鮮に伝えている。国交正常化の前提だ」外務省アジア局審議官の竹内は米国務省幹部からそう言われたが、不安だった。「発射は地域限りの問題」「ミサイルの開発や配備を禁じる国際合意はない」というガルーチの言葉が頭をよぎる。

九六年に米朝ミサイル協議が始まったが、中東などへの輸出規制が中心だった。担当は国務次官補代理のアインホーン。上司のガルーチ同様、アジアではなく、核不拡散問題の専門家だ。

米国公使となっていた竹内は、懇意の大統領特別補佐官セイモアに懸念を伝え続けた。九七年七月、セイモアの仲介で、アインホーンと三人でホワイトハウスの食堂で昼食をとった。

竹内は訴えた。「核兵器だけではない。北朝鮮のミサイルも北東アジアの脅威だ。そのうち米国にも届く。放置したまま米朝関係が進むことは日米同盟にとって悪夢だ」

アインホーンは「心配はよくわかった」とうなずいた。

九三年のノドン以降、北朝鮮から日本に向けた弾道ミサイルの発射は沈静化しており、九七年の防衛白書では「長射程化の開発研究」への言及にとどまった。東京との温度差も感じながら、竹内の懸念はふくらんでいた。

約一年後、国際社会の間隙を北朝鮮が再び突く。

九八年、長距離弾道ミサイル「テポドン」発射

「ニューヨークに戻り、国連安全保障理事会で北朝鮮への非難決議を取るように」

一九九八年九月初め、アフリカ大陸南端の南アフリカ・ダーバン。国際会議で出張中の国連大使小和田恒に外務省から指示が飛んだ。

八月三一日正午過ぎ、北朝鮮が東岸の大浦洞(テポドン)から長距離弾道ミサイル「テポドン」を放った。韓国に届く短距離のスカッドと、日本に届く中距離のノドンを組み合わせた新型だ。

一段目は日本海に落下、二段目は本州を越え、三陸沖に落ちた。長距離弾道ミサイルの描く軌跡に、発足間もない小渕内閣は揺れた。官房長官の野中広務は、深夜に「厳重抗議の意」を表明。安全保障への懸念を国際社会と共有すべく、日本主導では初めてとなる安保理決議を得ようと模索が始まった。

小和田は九月四日、安保理議長に書簡を出した。

「二段式弾道ミサイルが発射された。日本の安全保障と北東アジアの安定に直接影響する。大量破壊兵器拡散への重大な懸念も惹起する」。九二年に開かれた史上初の「安全保障理事会サミット」で、冷戦後の国連が不拡散に果たす役割を掲げた議長声明も強調した。

しかし同日、北朝鮮は発射について、「衛星打ち上げ」に成功して「金正日将軍の歌」が伝送されており、「宇宙の平和利用だ」と発表した。日本が情報を頼る米国が「衛星」か否かの

確認に手間取る中、安保理での協議開始は、発射から一週間以上が経過した八日にずれこんでしまった。

九三〜九四年の第一次核危機と同様、難関は中国だった。中国は、「北朝鮮は衛星が軌道に乗ったと言っている。安保理の対応は不要だ」と主張。軍事用ミサイルと衛星との見分けは難しく、国際法に照らして北朝鮮を確実に批判できるのは、事前通告なく公海に落としたことぐらいだという理屈で押してきた。

安保理議長国スウェーデンの大使ダルグレンは、事前に当時安保理理事国ではなかった韓国の大使と会い、日本への全面的な支援を伝えられたと説明した。米国は「衛星が軌道に乗った証拠はまだない」としながら「火薬を湿らさないように」と各国に呼びかけた。発砲に備える兵士のように、即応態勢を取っておくという意味だ。

日米韓の連携はとれているかのように見えた。

決議を目指し、日本外務省から国連政策課長の大江博が派遣された。大江は、北朝鮮が、自らの打ち上げ能力について「軍事目的に回るかどうかは敵対勢力の態度次第」とした外務省談話を逆手に取り、米中の国連代表部に対して「北朝鮮に自制を求めるべきだ」と働きかけた。

ただ、米国は「日本の言うことはわかるが決議を取るのは難しい」と強く出過ぎることに慎重だった。米国が九四年の米朝枠組み合意をふまえて主導し、日韓も協力して北朝鮮に核開発を凍結させる、朝鮮半島エネルギー開発機構（ＫＥＤＯ）の計画に支障が出かねなかったからだ。

核兵器の原料を作りにくい軽水炉を提供することが、核開発を凍結する北朝鮮への見返りとなっていた。九八年四月、外相だった小渕恵三は、来日した米国務長官オルブライトに対し、軽水炉建設費四六億ドルのうち一〇億ドルを分担すると伝えていた。ところが、七月に首相となって間もない八月のテポドン発射で、その支援を即座に止めた。

一方、北朝鮮も強気だった。国連代表部間で日本が北朝鮮に抗議のファクスを送ると、先方から「抗議は受け取っていない」というファクスが返ってきた。国連本部で日本の外交官が北朝鮮の外交官に近づくと、話しかけるなと言わんばかりの目つきでにらまれた。

非難に沸く東京とは別世界のニューヨークで、大江は当惑した。これでは中国が動かないと考え、数日後に東京へ戻る。北京へ日本の懸念をより強く伝えることが肝要だ。かつて中国課首席として対中外交を担当した経験を生かし、中国大使館に働きかけた。

中国大使館側から、国家主席の江沢民に判断を仰いだ、という返答があった。

「本来安保理で扱う問題ではないと思うが、日中友好の大局的見地に鑑みて同意する」

九八年は日中平和友好条約締結から二〇年にあたり、年内に江が来日予定だった。

九〇年代日本外交の蹉跌

安保理で議論が動き出したが、最も強い意思表明である「決議」への道程は遠かった。九月一一日に米国務省当局者が「衛星打ち上げ失敗との結論」に言及し、日本の立場はさらに弱まっていた。結論を出す安保理が開かれた一五日、小和田が各国と調整の末に非公式協議で提案したのは、決議よりも数段低い「報道向け談話」だった。

小和田は、せめて談話の内容は強めようと、「危険な行為への重大な懸念」という文言を求めた。だが、中国は「望ましくない先例になる」と表現を弱めるよう主張し、こう述べた。緊張を高めないよう、北朝鮮だけでなく各国が自制すべきだ。現に日本はミサイル防衛(ＭＤ)を計画しているではないか——。

小和田は否定したが、事実、テポドン発射を機に、政府・自民党ではＭＤ導入論が加速していた。駐米大使の斉藤邦彦も一四日の朝日新聞のインタビューで、「今度の事件がなくても予算計上は既定路線だ。安全保障は最大限の手当をしておくことが基本だ」と発言していた。

ロシアは中国の姿勢を「こうした事態の再発防止にとって建設的だ」と評価。ブラジルも「宇宙の平和利用計画は透明であればあらゆる国にとって正当だ」と述べた。

結局、談話に「弾道ミサイル」という言葉は入らず、「ロケットによる推進体打ち上げへの懸念と、事前通告がなかったことへの遺憾」を表明するにとどまった。一方で、「地域の関係国の自制」や「宇宙の平和利用の確認」といった要素も盛り込まれた。

一五日に安保理を代表して談話を出したダルグレンは、協議の場で「国際社会から人道支援を長年受けている国が、乏しい国力を攻撃的な兵器に注いでいいのだろうか」と懸念も示していた。小和田はダルグレンに、議長として、協議の概要を北朝鮮側に伝えるよう求めた。

だが、数日後にダルグレンが会った代理大使の金昌国(キムチャングク)は、一七日付の北朝鮮国連代表部の声明を繰り返し、談話を拒絶した。「北朝鮮は、他国から衛星打ち上げの事前通告など受けたことはない。安保理の談話は主権への重大な脅威だ。他国が何と言おうと、全面的な宇宙の平和利用を続ける」

ダルグレンは「この出来事はまさに安保理の関心事だが、議論は北朝鮮を敵視するようなものではなかった」と理解を求めた。

八年後の二〇〇六年に、北朝鮮が「テポドン2」を発射した上、初の核実験を行い、安保理は決議で北朝鮮に弾道ミサイル発射を禁じた。それ以降、北朝鮮を非難する「報道向け談話」は発射即日に出るほどになった。だが、この九八年の「報道向け談話」は、発射から一五日後、「弾道ミサイル」とすら明示しない妥協を経てようやく出たのだった。

「九八年テポドン発射」は、九〇年代の日本外交の蹉跌だった。隣国として日本が抱く「北朝鮮の脅威」という認識は、まだ世界への広がりを欠いていたのだ。あの時に国際社会が結束して厳しく対応していれば――。日本は、〇六年に北朝鮮の核・ミサイル問題で安保理決議を求めた際、この「九八年の教訓」を各国に訴えた。

ただ、九八年当時は、国際社会との温度差に加えて、小渕内閣も引き時を考えていたという内情もあった。北朝鮮への軽水炉提供については、小渕自身が「核開発を阻む唯一の現実的な選択肢」として認めており、安保理決議の追求には、「北朝鮮になめられている」という自民党強硬派の不満を和らげる狙いもあった。こうした事情もあって、日本政府はこの報道向け談話で決着すると、これを「成果」とみなして支援再開へかじを切った。

一〇月二一日、日本政府は、軽水炉の建設費分担に関する合意文書に署名した。「KEDOへの協力再開に関する官房長官発表」で、野中は「ミサイル発射を受け我が国がとった対応は一定の効果をあげつつある」と強調。「北朝鮮に対する我が国の懸念に国際社会の広範な理解と支持が得られるに至っている」とし、根拠にこの談話も挙げたのだった。

「日本にも世論がある」

北朝鮮の長距離弾道ミサイル「テポドン」発射をめぐって、日本がニューヨークの国連安全保障理事会で「大量破壊兵器拡散への重大な懸念だ」と訴えながら孤立していた頃、ワシントンでも日米間でぎすぎすしたやり取りが続いていた。

一九九八年九月一二日、米国防総省の会議室。

外務省北米局長となっていた竹内行夫は、米国務次官補スタンリー・ロスに「とてもじゃないが、今は北朝鮮を支援する予算が国会で認められる雰囲気じゃない」と告げた。小渕内閣がテポドン発射を受け、九四年の「米朝枠組み合意」に基づく北朝鮮の核開発凍結計画への資金支援を止めた事情を説明した。

「本当にがっかりだ」と繰り返すロスに、竹内は「米国と同じように日本にも世論や国会があるんだ」と猛然と反論した。すると協議の後、同席していた国防次官補代理キャンベルが竹内に寄ってきた。「事情はわかる。米国だって、キューバにミサイルをカリブ海に落とされたら支援なんてできっこない」

テポドン発射は、こうした米政府内の温度差も浮き彫りにしていた。

二〇日にニューヨークで開かれた日米外務・防衛担当閣僚会合（2プラス2）。共同記者会見で、国防長官コーエンと防衛庁長官の額賀福志郎は、ミサイル防衛の意義を強調して足並みをそろえた。一方、国務長官オルブライトは、北朝鮮の核開発凍結支援で日本に対し「契約を守るべきだ」と強調したが、外相の高村正彦は慎重だった。

一〇月に小渕内閣が支援再開を決めると、高村の国会答弁に苦渋がにじんだ。「北朝鮮をぶったたいて核をやめさせる力は日本にない。（テポドン発射を）謝りもしないのに何でお金を出すのだ、という感情はわかる」

新たな核疑惑

だが、米国の偵察衛星が捉えた写真が、クリントン政権の関心を北朝鮮のミサイル開発にも向けさせることになった。

写真は寧辺（ニョンビョン）の核施設の近くで大規模な地下施設が造られていることを示していた。核開発凍結を約束した九四年の米朝枠組み合意違反ではないのか――。八月中旬のニューヨーク・タイムズ紙の報道でこの件が表面化し、さらに八月末のテポドン発射が続き、新たな「核疑惑」と長距離弾道ミサイルが結びつく懸念が生まれた。米議会では北朝鮮支援への批判が起きていた。

大統領クリントンは対北朝鮮政策の見直しを決め、一一月、九四年に当時の国防長官として北朝鮮核危機に対応したペリーを責任者に任命した。ペリーは日韓に加え中朝の要人と協議し、九九年一〇月に報告書をクリントンに提出。「長距離ミサイル発射は米日韓で枠組み合意への支持を揺るがす。北朝鮮が核開発に走れば九四年の危機の再来だ」と警告した。

外務省総合外交政策局長になっていた竹内行夫はこの報告書を読み、「米国政府がミサイル問題をようやく公式に認めた」と安堵した。

だが、この報告書には火種もくすぶっていた。ペリーは「北朝鮮が核と長距離ミサイルの脅威除去へ動けば、米朝関係を正常化する」とも提言していたのだ。

地下施設の「核疑惑」は、北朝鮮が米調査団を受け入れ、九九年六月に「岩盤むき出しのトンネル」と報告したことで収束していた。それでも任期の残りが一年余となったクリントンは、米大統領として初の訪朝を探る。最大のハードルは、報告書が示した宿題、ミサイル問題について同盟国の日韓と連携しつつ、北朝鮮と新たな合意を得ること、だった。

総書記金正日も動いた。二〇〇〇年一〇月中旬、側近の趙明禄(チョミョンロク)国防委員会第一副委員長を特使としてワシントンへ派遣。朝鮮人民軍で金に次ぐ趙が、軍服姿でクリントンと会談した後で、両国の共同声明が発表された。半世紀近く休戦状態にある朝鮮戦争の終結と国交正常化を目指し、クリントン訪朝の準備のため、オルブライトが米閣僚として初めて訪朝することについて合意した。

オルブライトは一〇月下旬に平壌を訪れて金と固い握手を交わし、六時間も会談。「人工衛星打ち上げが代行されればミサイルを自制する」という金の提案を協議した。帰途にソウルのホテルで日米韓外相会談に臨んで、金とのやり取りを語り、「国交正常化がまとまる可能性がある」と手応えを語った。

ホワイトハウスで会談するクリントン米大統領と北朝鮮の趙明禄国防委員会第一副委員長(2000年10月10日，ロイター＝共同)

だが、詰めはまだまだだった。金の言う「ミサイルの自制」とは何か。ミサイル管理の国際ルールは輸出のみが対象で、しかも北朝鮮は参加していない。衛星打ち上げ代行や輸出自制を補償する場合の資金分担はどうなるのか。そもそも日本に届く中距離ノドンや、韓国に届く短距離スカッドを含むのか――。あいまいなままでは、いずれ日米韓に亀裂が走る。

クリントン訪朝断念

一一月、クアラルンプールで詰めの米朝協議が行われ、竹内と懇意だった国務次官補アインホーンが臨んだ。竹内は駐日米国公使ラフルアーらに「このまま大統領が訪朝して金正日とハグするCNNの映像が日本に流れるのか。本国にしっかり伝えてほしい」と何度も話した。三年前の米国公使当時、ホワイトハウスでアインホーンに伝えたのと同じ「日米同盟にとって悪夢」という言葉を使った。

ただ、発射を規制する国際ルールがなく、距離が脅威認識のずれを生むミサイル問題で、日韓と調整しながら北朝鮮と合意を探るのは、米国にとって針の穴に糸を通すような作業だった。任期切れが翌月に迫る一二月二八日、クリントンは「適正に実行するには時間が足りない」と訪朝断念を表明した。後日、米国務省幹部は、竹内に「最後の最後、スカッドの扱いで暗礁に乗り上げた」と、米朝協議決裂の内幕を語った。北朝鮮は、九四年の核危機の際に「ソウルは火の海になる」と牽制した手段を手放さなかったのだ。

冷戦終了時の米大統領の長男、次期大統領のブッシュは同じ日に記者会見を開き、新政権の国防政策の柱に「ミサイル防衛システム開発」を掲げた。そして、北朝鮮やイラン、イラクのミサイル開発を警告してきたラムズフェルドを国防長官に指名した。四半世紀前のフォード政権以来の再登板だった。

冷戦後に北朝鮮との対話を模索してきた民主党クリントン政権。その八年間が終わり、新世紀の共和党政権で、対北朝鮮政策の大幅な見直しが始まろうとしていた。

第3章　北朝鮮とイラク　拡散する議論

二〇〇一〜〇四年

イラク攻撃「安保理決議を」

二一世紀は「テロとの戦い」で始まった。

二〇〇一年九月一一日、テロリストが米国の旅客機四機を乗っ取り、うち三機がニューヨークの摩天楼やワシントンの国防総省に突っ込んだ。ニューヨークで二七五三人、国防総省で一八四人が死亡。四機目は乗客と格闘の末にピッツバーグ近郊に墜落し、四〇人が亡くなった。約三〇〇〇人の犠牲者の出身国は九三カ国に及び、日本人二四人も含まれた。

一月に就任していた米大統領ブッシュは、この同時多発テロに対し、「テロとの戦いにあらゆる手段をとる」と宣言。首謀者と断定したオサマ・ビン・ラーディンをかくまったとして、アフガニスタンを攻撃し、次にイラクへの攻撃へと動いていた。

イラクをめぐっては、国連による大量破壊兵器（ＷＭＤ）の査察が進まず緊張が高まっていた。

査察は一九九一年、安全保障理事会が湾岸戦争の停戦決議で求めたWMD廃棄を確認するために義務づけたものだ。大統領フセインと米国の確執は、ブッシュの父が大統領だった当時から続いていた。

ブッシュは、二〇〇二年一月の演説でイラクを北朝鮮、イランとともに「悪の枢軸」と指弾し、「WMDを使うテロ支援国家」と批判した。国防長官ラムズフェルドは八月一五日、「米国の防衛には時に先制攻撃が必要」とした年次国防報告を議会に提出。国際社会には、テロに加え、米国の単独行動主義への懸念も広がっていた。

日本は同盟国としてどうすべきか。小泉内閣は、自国の安全保障に直結する北朝鮮問題への波及をにらみながらの対応を迫られた。

八月末、東京・麻布台の外務省飯倉公館で、国務副長官アーミテージと外務次官竹内行夫による初の日米戦略対話が開かれた。竹内は省内で重ねた議論をふまえ、イラク問題で三点を申し入れた。

①外交努力を尽くす

②安保理で解決方法を探求する。国際法上の根拠に乏しい「先制攻撃」は国際社会に支持されない

③「フセイン後」のイラク再建と中東の地政学的問題を検討しておく

肝は②だ。「国際協調が重要だ」と訴え、攻撃に踏み切るなら、それを正当化する安保理決

説いた。

議を得るよう求めた。「「米国対イラク」ではない。「国際社会対WMDを持つイラク」だ」と
竹内には、ある時代認識があった。

冷戦終焉を経た二一世紀の脅威は、テロとWMDの拡散だ。これは国際秩序に関わる問題であり、国連を中心に取り組むべきだ。特に北朝鮮を含むWMDへの対応には、国際社会の協調と超大国米国の主導が欠かせない。その米国が単独行動主義に基づいてイラク攻撃に踏み切れば、国際協調が崩れてしまう――。

もう一つはブッシュ政権内の力学だ。単独行動主義を唱える副大統領チェイニーやラムズフェルドらネオコン(新保守派)の影響力の増大をいかに抑えるか、アーミテージや上司の国務長官パウエルは苦心していた。同盟国の日本から安保理決議を求める声が上がれば、国際協調主義で巻き返す「武器」になる。

ブッシュと首相の小泉純一郎は親密な関係を築きつつあった。二人は〇一年六月の最初の首脳会談で日米戦略対話の発足に合意。竹内はこの場を最大限生かそうと、今回の提案について小泉に事前に了承を得ていた。冷戦後の国際秩序を主導する米国の傍らで日本が積極的に進言することが国益にもなると考えた。

「Gaimusyo is back(外務省は復活した)」。米海軍士官学校卒で日米同盟強化に深く関わってきたアーミテージは、満足気にうなずいた。

外務省は〇一年以降、外交機密費流用事件や、幹部と対立の末に外相の田中真紀子が更迭されるなど混乱続きだった。アーミテージは、就任間もない田中にミサイル防衛を説明しようと訪日したが会談をドタキャンされ、渋い顔で外務省を後にしたこともある。立て直そうとする旧知の竹内の苦労をよく知り、進言を望んでいた。

パウエルの異例のプレゼン

初の日米戦略対話から二週間後の九月一二日、ニューヨークでの国連総会。恒例の各国首脳演説で、午前中に演壇に立ったブッシュは、イラク問題を語った。

「米国は安保理とともに挑戦に立ち向かい、必要な決議について協力しよう。だが、誤解してはならない。(湾岸戦争停戦時のWMD廃棄の)決議が実行されなければ行動は避けられず、正統性を失った政権は倒れるだろう」

その夕方、近くのホテルで日米首脳会談が開かれた。「演説に国内の強硬派から批判が出ている」とこぼすブッシュに、小泉は「ここは我慢を重ね、さらに一段と国際協調を進めよう」と求めた。

小泉もまた、大仕事を一七日に控えていた。日朝国交正常化に向けた、日本の首相として初の北朝鮮訪問である。ブッシュが「核問題を金正日にきちんと言ってくれ」と話すと、小泉は「わかった」と答えた。

米国は英国とともに、イラクに期限付きでＷＭＤの査察受け入れと廃棄を求める安保理決議案を提出し、一一月に全会一致で採択された。同月にイラクが受け入れた国連査察団の活動が続く中、パウエルは、〇三年二月五日に安保理の閣僚級会合で演説し、「米国が知るイラクのＷＭＤ情報」を説明した。機密情報を駆使した、八〇分にわたる異例のプレゼンだった。

一四日、国連査察団は安保理に対し、イラクの姿勢について「協力しているが説明は不十分」と報告。「炭疽菌やＶＸガスを廃棄したと言うが、専門家の検証が必要」とも指摘した。

米英は、安保理が武力行使を明確に認める新たな決議を探ったが、武力行使に新たな決議が必須ではない、という立場は崩さなかった。イラクにＷＭＤ廃棄を求めた湾岸戦争停戦時の決議以来となる「継続的な義務違反は、重大な結果に直面するだろうと警告してきた」。前回の決議ですでにこう明記されているという主張だ。

竹内は一七日の定例記者会見で一歩踏み込み、こう発言した。

「イラクは安保理決議を履行してこなかった。安保理での査察団の報告や各国の発言を見ても、国際社会はこのような状況を許さないという点で一致した立場がみられた」

その一週間前、二回目の日米戦略対話がワシントンの米国務省で開かれていた。「宿題はやったぞ」。アーミテージは外交努力を尽くしたと竹内に告げると、一枚の紙を渡した。フセイン政権が倒れた後の、イラク暫定統治機構のごく大まかな図だった。そして、武力行使ではなく戦後復興においての日本の支援に期待を示した。

だが、アーミテージは、具体的に何をしてほしいとは言わなかった。

「湾岸戦争の時に米国があれこれと注文した過ちは繰り返さない。復興支援に自衛隊が派遣されればすばらしいが、それは日本が決めることだ」

戦争が迫っていた。

「理念なき取引」

米ブッシュ政権はイラクがWMDを隠していると主張し、攻撃を始めようとしていた。しかし、その主張は正しいのか——。二〇〇三年に入り国際社会の緊張が増す中、国連安全保障理事会だけでなく、日本でも議論が割れていた。

小泉がブッシュに求めた安保理決議は、〇二年一一月に採択されたが、イラクがWMDの査察に協力しない場合の攻撃まで認めたものなのか、安保理常任理事国の中でも解釈をめぐって対立が続いていた。国際社会の協調か、日米同盟の重視か——。

〇三年二月一七日、外務省。事務次官の竹内は定例記者会見に腹をくくって臨み、「この機会に個人的な考えも含め申し上げたい」と語り始めた。

「冷戦時代のWMDは米国とソ連でほぼ独占され、使用が抑止されていた。冷戦終了とほぼ同時に発生した湾岸戦争の停戦決議で、安保理がイラクのWMDの廃棄を条件にしたことは偶然ではなかった」

そして、「イラクのＷＭＤの問題をグローバルに捉え、我々が位置している東アジアの安全保障環境を考えると、日本に無関係ではないことが理解されるのではないか」と述べた。

竹内の念頭にあったのは北朝鮮だ。ＷＭＤ不拡散への取り組みは、特に冷戦後の国際社会にとって重い課題となり、北朝鮮、イラクは共にその焦点となっていた。日本が北朝鮮の核開発に警鐘を鳴らすなら、イラクにも厳しく処すべきだ。国際協調か日米同盟かの二者択一ではない。竹内はそう伝えたかった。

実際、北朝鮮の核問題をめぐる情勢は、二〇〇二年後半から急速に悪化していた。一〇月の平壌で開かれた米朝高官協議で、北朝鮮が明かしていなかった高濃縮ウランによる核開発計画の証拠を突きつけたら、北朝鮮はそれを認めた——。同月の米国務省のそうした発表をきっかけに、北朝鮮が〇三年一月に核不拡散条約（ＮＰＴ）脱退を表明する事態に発展していたのだ。

それだけに、竹内の発言は危うさをはらんでいた。日本は対北朝鮮で米国に助けてもらうために対イラクで米国を助けるのだという、理念なき取引にも聞こえる。ブッシュ政権内の強硬派が逆手に取り、「日本が望むなら北朝鮮も攻撃だ」と勢いづくかもしれない。

武力行使に慎重な国務副長官アーミテージでさえ、旧知の竹内に「北朝鮮が、何が何でも核兵器を持つと決めているなら、対話しても意味ないじゃないか」と語っていた。それも踏まえ、竹内は記者会見で具体的な国名に触れることは避けた。

三月二〇日、米英軍は、安保理で新たな決議を得ないままイラクを攻撃した。小泉は臨時記者会見で支持を表明。「危険な兵器を独裁者に渡したら大きな危険に直面する」と理解を求め、「(戦後の)復興支援に責任ある対応をしたい」と踏み込んだ。北朝鮮にも触れ、前年の訪朝で打開を図った日朝交渉の停滞を認めつつ、「最近の核問題での挑発的な行動に対し、日米同盟が機能している」と米国の重みを強調した。

北朝鮮をめぐる安保理協議の拡散

米英軍は四月九日にバグダッドを制圧した。歓声のなか広場でフセイン大統領の巨大な像が引き倒された。

イラク問題への対応に追われてきた安保理はその日、北朝鮮の核問題について非公式協議を開いた。北朝鮮のNPT脱退表明から三カ月、核開発を防ぐための査察に北朝鮮が応じないとしてIAEAがこの問題を安保理に付託してからは二カ月が過ぎていた。

イラク攻撃の是非をめぐり激しく対立した安保理の各理事国は、北朝鮮の核問題で結束できるのか。協議に先立ち北朝鮮は外務省声明で、「米国が「悪の枢軸」と呼んだ一国が無残な軍事攻撃を受けながら、我が方が武装解除に応じると思うなら大きな誤算だ」と牽制していた。

協議で米国の国連大使が口火を切った。外交官出身の元フィリピン大使ネグロポンテは語り続けた。

「北朝鮮の挑戦に安保理が結束できないとすれば悲劇だ。核開発は北東アジアの繁栄を支える安定を揺るがし、軍拡競争を招く。より危険なのは、核兵器や核物質が、ならず者国家やテロリストに売られることだ」

「北朝鮮はこの一〇年以上、核兵器と、外交関係の拡大による国際社会からの経済支援を追求してきた。だが両方は選べない。解決への道は一つだ。完全で、検証可能で、不可逆的な核開発計画の終了だ」

「米国のテーブルにはあらゆる選択肢がある。だが、大統領は多国間協議を提案している。それを補完するため、北朝鮮に向けた安保理議長声明を出したい。新世紀への挑戦であるWMD不拡散への取り組みに、安保理が関与を示す機会が再び訪れたのだ」

WMD不拡散には安保理を中心とした国際社会の結束が欠かせない。イラクにも北朝鮮にも――。日本は当時非常任理事国ではなかったためにこの場にいなかったが、竹内がアーミテージに訴えていたことと同じだった。

米国が求めた議長声明は安保理で決議に次ぐ強い意思表明で、全会一致が必要だ。イラク攻撃にともに臨んだ英国だけでなく、反対したフランスもこの議長声明を支持した。だが、支持の広がりは一五理事国のうち四カ国にとどまった。

この協議の結論は、「安保理は余計なことをすべきでない」というものだった。議長国メキシコの大使ジンセールが後で報道陣に問われたときには「各国が懸念を表明した。事態の掌握に努める」とだけ答えることになった。これは中国の提案によるもので、七カ国が支持した。

中国大使の王英凡(ワンインファン)は、協議でこう述べた。「朝鮮半島の非核化に向けた対話のために、ロシア、韓国、欧州連合(EU)、国連事務総長は懸命に取り組んできた。安保理のいかなる行動も好ましくない」。ロシアも「様々な形での対話への努力を安保理が混乱させるべきではない」と同調した。

安保理は朝鮮半島問題に関わるべきでないという中国の従来の姿勢に加え、他の理事国が、イラク攻撃で現実になった米国の単独行動主義への警戒を緩めていなかったのだ。

NPT非加盟で核兵器を持つパキスタンは「安保理はすべての外交努力が尽くされるのを待ち、役に立つ時だけ関わるべきだ」と指摘。シリアは「核保有国の二重基準が問題の解決を妨げており、NPTの崩壊につながる。イスラエルにも核があるのに、NPTに入れともIAEAの査察を受けろとも圧力をかけられていない」と不満を述べた。背景には米国が、同盟国イスラエルと対立するシリアの化学兵器開発を批判していたことがあった。

「イラクのWMD」に続いて北朝鮮の核問題に取りかかろうとした安保理の議論は拡散し、立ち消えとなった。複数の理事国が米朝協議を求めたが、ブッシュ政権内の強硬派が許さなかった。共和党に政権交代した米国では、クリントン前政権下の米朝協議で生まれた、核開発凍結の見返りに発電用の軽水炉を提供するという「枠組み合意」は甘すぎると、批判の的になっていたのだった。

主たる舞台は北京での多国間協議へと移る。〇三年四月下旬に米中朝三カ国の高官協議が開かれたが、北朝鮮は、その場で核兵器保有を対外的に初めて表明した。この協議に日韓ロが加わって、八月に始まる六者協議は難航必至だった。

〇四年五月二二日、平壌・大同江迎賓館。二年ぶりに訪朝した首相の小泉純一郎は、総書記金正日と二度目の会談に臨んだ。

小泉「核兵器を持つか持たないか、あなたにとってどちらが有利か。明らかだ。持てば北朝鮮に先はない。持たねば国際社会が協力できる」

金「核兵器は役に立たない道具だと知っている。だが、敵視政策をとる米国への自衛のために持つのだ」

小泉「いや、ブッシュ大統領は敵視政策ではない。来月に会うから、あなたのメッセージを伝えよう」

翌六月八日、米ジョージア州シーアイランド。主要国首脳会議(サミット)に出席するため訪れた小泉は、ブッシュとの会談で「金総書記は『のどがかれるほどダンスしたいと思っている』と言っていた」と話した。金が米朝協議を望んでいることを伝えたのだが、ブッシュは「二国間協議はしない。六者協議だ」と拒んだ。

一方、クリントン前政権での米朝協議で生まれた「枠組み合意」はブッシュ政権で死文化した。合意に基づき日米韓とEUで運営してきた朝鮮半島エネルギー開発機構(KEDO)は〇六年五月に軽水炉提供事業の廃止を決めた。総額四六億ドルのこの事業に、日本はすでに約四億ドルを出していた。

大量破壊兵器はなかった

竹内が、北朝鮮の問題にも通じる不拡散の文脈で対応が必要だと日本国民に理解を求め、米国が武力攻撃の根拠とした「イラクのWMD」は、結局どうなったのか。

米英のイラク暫定占領が始まると、米国務副長官のアーミテージは、竹内に「大量破壊兵器はすぐ見つかるよ」「絶対ある」と話していた。だが、米調査団は、〇四年一〇月に「備蓄はなかった」と発表。一一月の米大統領選でのブッシュ再選後、国務長官パウエルとアーミテージは辞任した。パウエルは、開戦前に安保理でWMDの証拠として機密情報を示した演説について、〇五年九月に「人生の汚点だ」とABCテレビに語った。ブッシュも一二月の演説で「機密情報の大半は結果的に間違っていた」と認め、「開戦の責任は私にある」と述べた。

小泉は「日米同盟と国際協調を両立させる」として、イラクの戦後復興支援への自衛隊派遣を〇三年一二月に閣議決定していた。その二年後にブッシュが「機密情報の誤り」を認めたことについて、当時官房長官だった安倍晋三が記者会見で問われたが、「イラク攻撃への日本の支持は合理的な判断だった」と語るにとどまった。

さらに時は過ぎ、一二年一二月、外務省が政府のイラク攻撃支持に関する「検証結果」を出した。

「当時イラクがＷＭＤを隠している可能性があるとの認識が国際社会で広く共有されていた」と弁明しつつ、「情報源のほとんどが各国政府や国際機関関係者だった」と記した。

検証をしたのは、政治主導を掲げ、〇九年に政権交代を果たした民主党政権の歴代外相である。初代の岡田克也が意欲を示し、松本剛明が一一年に指示し、一二年に玄葉光一郎に分厚い報告書が提出された。だが、発表されたのは要旨四ページ。首相の支持表明に至る日本政府内の議論には一切触れず、小泉への聞き取りもしていなかった。玄葉は「公表しない前提だったが、公表できる部分だけでもと指示した」と語った。

外相交代が続くうちに政治主導は崩れていた。検証は外務官僚に委ねられ、ほとんど非公表の報告書をまとめて終わった。政権担当能力を示せなかった民主党は、検証結果の要旨が出た一二年一二月の衆院選で敗北。その後政権に復帰することなく、一六年に民進党と名を変えた。しかし勢力は回復せず、一七年の衆院選を前に分裂した。

民主党政権前後の歴代自民党政権では、イラク戦争について本格的な検証をする動きはまったくない。多国籍軍を派遣して死傷者を出した米英やオランダでは、政府が独立調査委員会を設置。政権中枢の判断を検証し、英国では当時の首相ブレアも喚問した。

イラク戦争の犠牲者は少なくとも十数万人。国内外で割れた世論の渦中で日米同盟は支え合って絆を保ち、北朝鮮の核・ミサイル開発への対応で強化の一途をたどることになる。

第4章　食糧支援をめぐる苦渋と第二次核危機

二〇〇二年

洪水と干ばつ

延々とはげ山が続く。二〇〇二年八月、人道問題担当の国連事務次長、大島賢三を乗せた乗用車が、朝鮮半島を横断する幹線道路を平壌から東へ走っていた。

国連機関の世界食糧計画（ＷＦＰ）から、北朝鮮への食糧支援が、現地で軍や治安機関に横流しされているという疑いについての報告があり、その確認のための視察だった。

乱伐された山々と、その合間にところ狭しと植えられたトウモロコシ。すれ違う車はほとんどない。だぶだぶの服を着た子どもがとぼとぼ歩いていると思ったら、発育不良らしき大人だった。車窓の景色が、自然災害とエネルギー難の連鎖がもたらした経済の苦境を物語っていた。

北朝鮮では一九九〇年代、主要エネルギー源である石炭の採掘が水害によって減るなど、燃料不足が進んでいた。それを補おうと山の木を刈り払って使ったために洪水が起きやすくなり、干ばつと相まって、深刻な食糧不足が起きていたのだ。

第一次核危機と呼ばれた北朝鮮の瀬戸際外交の「成果」として、一九九四年に米朝枠組み合意が結ばれていた。その一環として、北朝鮮が核開発を凍結する代わりに、核兵器の原料を作りにくい発電用の軽水炉二基が〇三年に提供される予定だった。だが、本体着工はちょうど二〇〇二年に大島が訪れていた頃までずれこんでおり、一基目の完成は、順調に行っても〇八年頃とみられていた。

九八年に正式に北朝鮮の最高指導者となった金正日は、軍事優先の「先軍政治」を掲げ、経済の停滞を打開しようと、〇二年七月には市場を拡大する経済改革にも乗り出した。海外からの食糧支援はインフレを防ぐためにも必要で、日本からの支援拡大に期待して初の首脳会談へ調整を進めていた。

ＷＦＰ事務局長のバーティニは、四月に国連安全保障理事会に出席し、北朝鮮への支援について説明した。

「九五年に小さく始まったが、過去最悪の飢饉だったと専門家がみる九七年以降は最大の支援先となった。支援に協力する周辺国と北朝鮮の関係進展にも役立っている」「支援は我々がアクセスできる学校にいる約六〇〇万人の子どもたちが対象で、人口の四分の一以上になる」

食糧支援の現場は見られるだろうが、疑惑を突き止めるような視察は期待できないのではないか――。平壌からの車中で大島の心は晴れなかった。

ニューヨークを発つ前、国連本部のオフィスに、北朝鮮の国連代表部を通じて「視察先は一、二週間前に予告をするように」と連絡があった。そんなことをすれば隠蔽工作をされかねない。「事前通告なしだ」と伝えたが、埒があかず、しかたなく予告に応じた。

平壌に入り、窓口となった外務次官と食事をした。彼がささやいた。「ミスター大島の要望はわかるが、私の背後にいる人たちに何を言っても聞いてもらえない。わかってくれ」

北朝鮮外務省はまさに窓口に過ぎず、視察は疑惑の当事者の軍や治安機関に仕切られている、と大島は直感した。

着いた視察先は東海岸の港湾都市・元山（ウォンサン）。貨客船万景峰（マンギョンボン）号の新潟への往来は、国交のない日朝間の数少ないルートの一つで、元山は万景峰号の母港だった。この四年後に大島は、国連大使として安保理で北朝鮮の弾道ミサイル発射について対応することになるが、この時日本は、万景峰号の新潟入港を禁じる制裁を即座に決めた。

大島は地元の当局者に、朝鮮労働党幹部のアパートとされる部屋へ案内された。壁に総書記金正日と、その父で故人の国家主席金日成の写真があった。こぎれいだが電化製品はほとんどなく、「党幹部の質素な生活」という印象だった。

ＷＦＰが建てた小さなビスケット工場では、学校や養老院、孤児院に配られるという話があった。宅児所で給食をとる子どもたちは、やせ細ってはいないが元気はなかった。近郊の農村へ行くと土砂で浅くなった川の工事が行われていた。伐採されてしまった山では降雨を吸収しきれず、川に流れ込む土砂が増え、洪水が起きやすくなっているという説明だった。

大島は一泊二日で平壌へとんぼ返りする。予想通り「支援物資は必要な場に届き、役立っている」と見せる視察だった。支援に対する北朝鮮の期待は強く、事前通告をして許された範囲の視察には当局者は協力的だったが、横流しを確認するには限界があった。そうした趣旨の報告書を、大島は国連事務総長のコフィ・アナンに上げた。

世論の反発

日本ではその頃、北朝鮮への人道支援をめぐり揺れていた。

米国が北朝鮮との国交正常化へと動いていたクリントン政権末期、当時の森内閣も国交正常化を進めようと、二〇〇〇年一〇月にＷＦＰの要請を大きく上回るコメ五〇万トンの追加支援を決める。当時は世界一の規模だった。

だが、〇二年九月の初の日朝首脳会談で、金正日が過去の日本人拉致を認め「八人死亡」と伝えると、小泉内閣は硬化し、国交正常化交渉とともに食糧支援を止めた。ＷＦＰから要請は続いたが、支援再開は〇四年に首相の小泉純一郎が金と再会談した後になる。

そして、二度の首脳会談の間に、北朝鮮の核問題をめぐる情勢は急速に悪化する。一九九三〜九四年の第一次核危機に次ぐ、第二次核危機というべき状況が生まれていた。

米国は二〇〇二年一〇月、北朝鮮が、高濃縮ウランによる核開発計画を認めたと発表。米朝枠組み合意への違反だとして、軽水炉完成までと約束していた重油の提供を一二月に止めた。北朝鮮外務省は「重油提供は、我々の原発凍結に伴う電力損失を補償する米国の義務だ。その放棄により電力生産で直ちに空白が生じた」とし、核施設の再稼働を宣言した。

日本でも北朝鮮を批判する世論が高まる中、東京都知事の石原慎太郎が一一月二九日の記者会見で「非常にけしからん」と怒り出す。都が、社団法人の日本外交協会に提供した備蓄食糧が北朝鮮に渡っていると明かした。小泉もその夜、「おかしいね。その何とか協会」と語り、協会の活動内容などを調べる考えを記者団に示した。

日本外交協会は、地方自治体から譲り受けた物資を途上国へ送る「リサイクル援助」で、都からの乾パンを北朝鮮に送っていた。計画を知った外務省は、二二日、小泉訪朝にも関わった北東アジア課長の平松賢司が、政府の立場をふまえ慎重に対応するよう協会に求めていた。しかし、協会は断った。外務省ができない人道支援を民間で行うとの立場からだった。

一二月一日、協会は、「人道行為に徹した行為であり、日朝交渉に影響を及ぼすとは考えられない」との見解を発表。拉致問題で北朝鮮に厳しい姿勢を示す官房副長官の安倍晋三は「協会に理解いただけなかったのは残念でならない」と語った。

実は、協会に乾パンの支援を頼んだのは、外務省で人道支援を扱う経済協力局長も務めた大島だった。八月の北朝鮮の視察からニューヨークへの帰途、東京に寄り、帝国ホテルのロビーの片隅で協会専務理事の池浦泰宏に会っていた。「食糧危機がひどい。悲劇だ」と訴える大島の要請を受け、池浦は支援を決めた。

石原の記者会見の後、都内にある協会の事務所周辺では、北朝鮮への食糧支援を批判する団体の抗議が連日のように続いた。池浦は「国どうしの争いに関係ない人たちを助けてはいけないのか」とやりきれなかった。戦時中の子どもの頃、北九州で米軍の空襲に遭って焼け出され、餓えに苦しんだ事を思い出していた。

残り続ける懸念

抗議に反論する大島の寄稿が、一二月一二日付の朝日新聞朝刊に掲載された。

「批判は、核開発疑惑の国を助けるとは何だ、拉致被害者と家族の皆様の気持ちを考えろ、民間であっても国交正常化前にみだりに動くべきではないといったことであろう」

「たとえある国と対立があっても、罪のない国民を憎まず、人間らしい善意と同情の気持ちを届けるのが人道援助の精神であろう。ただ、届くべきところに届かないのであれば問題だ」

そして、国連と北朝鮮が折衝を重ねて監視体制は相当前進したと説明し、「国連機関経由の人道援助は、ほぼ意図した人々に届いていると言いうるところまできた」と述べている。

ただ、「先軍政治」を掲げる閉鎖的な国家で人道支援の効果をどう確かめるのかは、懸案であり続ける。WFPでも、第二次核危機後も食糧を送り続けた米ブッシュ政権でも、その後の支援の中断や再開でネックとなったのは、支援物資の監視をめぐる北朝鮮の出方だった。

ＷＦＰはこれまでの活動をもとに、最近の北朝鮮の食糧事情をこう説明している。

「人口の七割が不安定な状況に置かれている。厳しい気候、山がちの地形、耕作の機械化の欠如のため、あらゆる穀物の生産は減少傾向にある。二〇一五年の干ばつにより収穫高は前年比一一％減となり、政治的、経済的な孤立もあって食糧不足は悪化している」

「多くの人々が基礎的な蛋白質、脂肪、ビタミン、ミネラルの不足により栄養失調だ。都市部の住民の多くは配給食糧の不足を、地方の親戚、即席の家庭菜園、市場での売買で補っている。配給量は常に政府の目標を下回っている」

第5章　初の核実験と初の安保理制裁決議

二〇〇六年

「北朝鮮がミサイルを撃ったぞ」

二〇〇六年七月四日、ニューヨーク。日本の国連大使大島賢三は、米独立記念日の午後を公邸で過ごしていた。テレビは、フロリダのケネディー宇宙センターから打ち上げられたスペースシャトル・ディスカバリーが炎を吐き、宇宙へ向かう映像を流していた。

卓上の電話が鳴った。米国の国連大使ボルトンだった。

「ケンゾー、北朝鮮がミサイルを撃ったぞ」

短、中、長距離――。北朝鮮はその日の夕方にかけて、各種の弾道ミサイルを日本海へ次々と落とし、ボルトンからの電話も数回に及んだ。

「明確な挑発だ」「日米で制裁決議を取ろう」。そう確認すると、大島はオフィスへ急いだ。初の日本主導となる安全保障理事会での決議に向けた準備のためだ。

北朝鮮との対話は袋小路に入っていた。〇三年に始まった米中ロ日韓との六者協議は、〇五年九月の第四回で共同声明にこぎ着け、北朝鮮は核兵器と核計画の放棄を、米国は北朝鮮を攻撃しないことを表明した。ところが、同じ頃、北朝鮮の米ドル札偽造疑惑を追及していた米財務省が、偽ドル札を扱っていたマカオの銀行バンコ・デルタ・アジアを、北朝鮮の資金洗浄をしている疑いが強い金融機関に指定。これに反発した北朝鮮は、「金融制裁解除」を六者協議を続ける条件にしていた。

〇六年に入っても北朝鮮は非核化の道筋を詰める六者協議に応じず、「協議が遅れるのも悪くない。その間により多くの抑止力が作れる」(外務次官金桂寛(キムケガン))とうそぶき、長距離弾道ミサイル・テポドン2の発射準備を進めた。米大統領ブッシュは、米朝協議中は発射しないとしたクリントン前政権時の合意を持ち出して北朝鮮に自制を求めていた。

発射翌日の五日に、国連安保理で非公式の緊急会合が開かれた。ミサイル発射は計七発。三発目がテポドン2で、日本海に落ちたのは打ち上げ失敗とみられた。「非常に深刻で憂慮すべき事態だ」と大島がまず発言した。

大島は、〇二年、初の日朝首脳会談で合意した日朝平壌宣言でも、北朝鮮はミサイル発射凍結の延長を表明していたと強調。日朝間の往来で一九七〇年代から使われ、不正送金や工作活動への関与が指摘されていた万景峰号の入港禁止など日本が即座に決めた独自制裁も説明し、「安保理が結束するため決議案を準備した」と述べた。

すかさず、ボルトンが「共同提案する」と同調した。〇三年に核不拡散条約（NPT）脱退表明をしていた北朝鮮について、「公然と大量破壊兵器を追求する最近の振る舞いとあわせて考えれば、今回の発射は国際社会への脅威だ」と訴えた。

ボルトンは核問題の専門家で、ブッシュ政権一期目の国務次官当時から、対北朝鮮強硬派として知られていた。政権の二期目で国連大使に指名された当時を、後に自らの著書で「六者協議という重荷から解放され、強い決意を持った日本と協力し、国務省東アジア・太平洋局から邪魔されずに北朝鮮を追い込んだ」と振り返っている。

北朝鮮の弾道ミサイル発射への対応について記者団に語る米国のボルトン国連大使．右は日本の大島賢三国連大使（2006年7月7日，国連のパウロ・フィルゲイラス撮影）

大島には外務省から「速やかに強い決議を」と指示が来ていた。東京で陣頭指揮を執ったのも対北朝鮮強硬派の安倍晋三だった。小泉内閣の官房長官として、ホワイトハウスと連携した官邸主導を意識し、大統領補佐官ハドリーと携帯電話でやり取りを始めていた。

英仏も決議に賛同し、七月の議長国フランスの大使デラサブリエルは「運搬手段も含めた大量破壊兵器を北朝鮮からなくすことが国際社会の目標だ」と述べた。英国大使ジョーンズパリーは、今回の発射の際に平壌の英国大使館に北朝鮮から「北朝鮮には自衛権がある。先軍政治の方針に沿った通常訓練だ」と通告があったと語った。

割れた常任理事国

だが、五常任理事国のうち残る二カ国、中ロは決議を拒んだ。中国大使は王光亜（ワングアンヤー）。三度の国連代表部勤務と外務次官を経ており、北京の方針を訴えるだけでなく、流暢な英語で各国と渡り合った。王の起用は中国の国連重視の表れとみられていた。

台頭する中国は多国間外交への関与を強めていた。北朝鮮の核問題で〇三年から六者協議の議長国を担うようになっただけでなく、国連でも中国人職員が増え、平和維持活動（ＰＫＯ）への派遣は一〇〇人未満だった〇〇年からこの〇六年七月には一六〇〇人を超えていた。

王は「中国は朝鮮半島の緊張緩和に甚大な努力を注いできた」として発射に「重大な懸念」を示した上で、「この敏感な地域の安定を保つことが安保理の役割だ。慎重なアプローチを」と主張。ロシアも「安保理は感情をあおるべきではない。北朝鮮が完全に孤立する」と同調した。米国がイランの核開発疑惑も批判する中、安保理ではイランと関係の深いロシアを中国が支え、北朝鮮に関しては中国をロシアが支える連携ができていた。

中ロは、安保理の対応として決議より一段下の議長声明を提案。王は一九九八年のテポドン発射への対応に言及した。日本列島を越える長距離弾道ミサイルの発射を、北朝鮮は「衛星打ち上げ」と主張し、安保理は一定の理解を示して、日本が求めた決議よりも数段低い「報道向け談話」で懸念を示しただけだった。

だが、九八年は一発の発射にとどまったのに対し、今回は七発で、しかも軍事訓練と表明している。ボルトンは「劇的に異なる」と反論した。「九八年に国際社会は誤解していたのだ。北朝鮮はＮＰＴにとどまり、核開発などしないと」

五常任理事国を真っ二つに割った非公式協議での議論は、七月七日も続いた。大島は「発射は日本とこの地域に計り知れない緊張と不安を引き起こした」と述べ、迅速に行動することが安保理の責任だとして「決議案をブルーにする」と語った。ボルトンは「テポドン2はハワイの方へ向け撃たれていた」と明かし、大島を支持した。

「ブルーにする」とは、決議案を採決する公式協議の場に配られる青字の最終版にするという意味だ。交渉による修正は難しくなる上に、提案国は二四時間後に採決を求めることができる。つまり、大島は翌八日の土曜に採決にかけたいと表明したのだ。決議自体を拒む王は「明日採決なら安保理の一体性は破壊される」と反発し、拒否権の行使をちらつかせた。

週末に各国はニューヨークや首都間で意向を探り合い、決議の共同提案国は安保理一五カ国中九カ国に増えた。月曜の一〇日、大島は「安保理が九八年に速やかで強い行動をとれなかった教訓に学ぶべきだ」と述べつつも、「外交努力を見守り、今日は採決を求めない」と語った。

六者協議の議長を務める中国の外務次官武大偉（ウーターウェイ）が平壌に入っていた。王は「北朝鮮が暴発しないよう関係国に自制を求める。朝鮮半島の安定維持は、中国が進展に尽力する六者協議を含む外交努力によってのみ可能だ。決議はそれを無にする」と警告した。

ボルトンが「北朝鮮を説得できるのは中国だと信じるが、かたくななままなら話を決議案へ戻す必要がある」と中国にクギを刺した。ロシアと連携して決議を拒む王は、こう繰り返した。

「北朝鮮の善意は必要だが、六者協議の他のメンバーも同様に自制すべきだ」

続く日米と中ロの対立

北朝鮮が弾道ミサイル七発を日本海へ発射してから一週間が過ぎた。七月一二日、国連安全保障理事会での対応をめぐる非公式協議で、ロシアの国連大使チュルキンが「新たな決議案を中国とともに用意した」と切り出した。それまで中ロ両国が求めてきた議長声明より、形式としては厳しいものだった。

武大偉が北朝鮮に自制を求めようと一〇日に平壌に入ったものの、交渉は難航していた。そこで中ロは日米が求める決議の採択に応じる譲歩をしつつ、内容を日米がこだわる北朝鮮への経済制裁から非難へ弱めようとしたのだ。

中国大使の王光亜は語った。「中国と北朝鮮の交渉に国際社会が期待するのはわかるが、関係諸国の敵対は数十年に及ぶものだ。一つや二つの外交使節に期待するのは現実的でない」。それでも、日本の決議案では緊張を高めると批判した。

日米と中ロの対立は依然として続いていた。北朝鮮の非核化に関する六者協議で、北朝鮮を除く五者のうち残る韓国の争奪戦もあった。当時安保理メンバーではない韓国について、中ロはこちらの決議案を支持していると主張し、日米は、いや韓国はこちら側だと反論した。大島賢三、ボルトン日米両大使は韓国大使をたびたび訪ね、理解を求めていた。

溝が埋まりきらないまま、一四日の非公式協議で日中両大使が異例の論争を繰り広げた。

大島「中国の外交努力を待ったが発射からもう一〇日経つ。安保理が動く時だ」

王「過剰反応は火に油を注ぐ。日本案を止めろと北京に指示されている。採決を強いるなら受けて立つ」

大島は眉をつり上げて反論した。「核兵器を持つ中国に過剰反応と言われる筋合いはない。核保有を宣言した北朝鮮が、日本の方へミサイルを放ったのだ」

大島は、四年前には人道問題担当の国連事務次長として北朝鮮を訪問し、中立を旨とする国連外交官として食糧支援に骨を折った。今は完全に日本の国益を背負う立場だ。

とはいえ、安保理での妥協は避けられなかった。世界中の安全保障をめぐる問題を扱い、かけひきが茶飯事である五常任理事国にすれば、日中対立のあおりで決裂することは避けたい。〇三年にイラク攻撃に踏み切った米英と反対したフランスの確執は記憶に新しかった。

そもそも北朝鮮の核・ミサイル問題の解決は、その先に朝鮮半島の将来像をどう描くかという命題をはらんでいる。問題の根っこである南北分断はそのままにして均衡を保つのか。はたまた統一国家樹立をにらむのか。カギを握る米中間の議論は未熟だった。米国は、台頭し北朝鮮への影響力を強める中国と、決裂している場合ではなかったのだ。

中国との決裂を恐れた米国

五常任理事国と日本の大使らは、連日、国連周辺の各国代表部で場所を変えては心中を探り合った。決議案の内容をめぐる焦点は、国連憲章第七章への言及だった。七章は安保理の判断に国連加盟国が従うよう定めている。日米は経済制裁に拘束力を持たせようと言及を求めたが、中ロは拒んだ。七章に条項がある武力行使を警戒したためだ。

ボルトンは一四日の非公式協議で、「七章言及と武力行使は直結しない」という五常任理事国の法律顧問の見解を紹介し、一九九一年の湾岸戦争停戦後の度重なる対イラク決議を例に挙げた。停戦時の決議で七章に言及してイラクに大量破壊兵器の廃棄を求め、実行を迫る決議もその後に重ねたが、それでも長らく武力行使はなかったという趣旨だった。

しかし、イラク攻撃に反対したフランスの大使で議長のデラサブリエルを含め、理解は得がたかった。米英軍が攻撃を正当化した根拠こそ、その過去の諸決議だったからだ。

「ギャップを埋めよう」と英国大使ジョーンズパリーが提案する。決議に「七章」とは書かないが、国連憲章の条文の表現を生かして「安保理は国際の平和と安全の維持を担う特別な責任の下に行動し」と記す。デラサブリエルは「安保理がまとまることができる」と支持し、王も「北京に売り込んでみる」と応じた。

だが、東京では官房長官の安倍が「最後の一分一秒まで立場を貫け」と指示していた。中国が反対し拒否権によって七章言及の決議案を葬るなら、それはそれで中国の責任になるという姿勢だった。

五常任理事国と日本の水面下の協議では、日中の衝突が続いた。

大島「合意はできないということだ。我が国は脅威にさらされている。結果に直面する覚悟はある」

王「主席からは避けるように言われている。だがそちらにとって必要なら使おうじゃないか」

ともにその言葉は使わないが、中国が「拒否権」という刀を抜くかどうかのぎりぎりの応酬だった。

米国は中国との決裂を恐れた。ブッシュ政権が米朝協議を避ける一方、中国は六者協議で議長国を引き受けるなど北朝鮮問題で存在感を増していた。

国務長官コンドリーザ・ライスは日本の首相への直談判を試みた。一五日、G8（主要八カ国）首脳会合が始まったロシアのサンクトペテルブルク。ブッシュに同行していたライスは、外務審議官の西田恒夫をつかまえ、矛を収めるよう頼んだ。

「安保理で行き詰まっている。日本の代表が譲らない。もし中国が席を立てば北朝鮮問題で永遠に中国カードを失ってしまう」

G8首脳らはホテルの一室で夕食中だった。西田は首相の小泉純一郎に、ライスの話の概要に「米国に危機感」と書き添えたメモを差し入れ、部屋の外で待った。食事を終えて現れた小泉は「それでいい」と語った。

その日、日本は七章言及を削って英国の提案を反映した決議案を安保理で配り、全会一致で採択。初めて日本が主導し、北朝鮮を核・ミサイル問題で非難するものとしても初となる安保理決議は、「すべての弾道ミサイル計画に関する活動の中止を求め、無条件で即時の六者協議復帰とすべての核兵器、核計画の廃棄を強く促す」という内容となった。

決議には「〇四年の決議を想起し」とも記された。イラク、イラン、北朝鮮を「悪の枢軸」と呼んだブッシュの求めで、大量破壊兵器が拡散しないよう国連加盟国に国内法整備などの対策を義務づけたものだ。

決議採択の公式協議で、東京から派遣された外務政務官の伊藤信太郎は「大量破壊兵器拡散と戦う国際社会にとっての一里塚だ」と強調した。王は「この決議が、すべての関係国による冷静な行動と外交努力の継続に役立つよう望む」と語った。

関係国として投票権なしで出席した北朝鮮大使の朴吉淵(パクキルヨン)は不満をぶちまけた。「決議を拒絶する。抑止力がなければ、北朝鮮を悪の枢軸に挙げる米国に攻撃されるだろう。朝鮮人民軍は自衛のためミサイル発射を続ける。もし他国が圧力をかけるなら、より強力な物理的行動を取らざるをえない」。そして退席した。

ボルトンが発言を求めた。「安保理決議採択から四五分で拒否という世界記録を北朝鮮は打ち立てた。大使が席を立つ前に米国のために反論する権利が私にはあったが、わざわざする意味があったかな？」

北朝鮮の核実験予告

「朝鮮半島では米国の策動により我が国の安全が甚だしく侵害されている。米国は最近、強盗さながらの国連安全保障理事会での決議採択によって、事実上の宣戦布告を行った」

二〇〇六年一〇月三日、北朝鮮は外務省声明を出し、七月の日本海へのミサイル発射に対し安保理で日米が主導した非難決議を批判した。

さらに「自衛的な戦争抑制力を強化する新たな措置」として「今後、核実験を行う」と表明。二期目に入ったブッシュ政権が敵視政策を変えないとして北朝鮮が前年に行った核兵器保有宣言を、この外務省声明で「核実験を前提にしたもの」と位置づけた。

米国に直接対話を迫る瀬戸際外交か、それとも初の戦後生まれの首相となった安倍晋三が就任早々一〇月に中韓両国を訪れることへの牽制か――。安倍は北朝鮮が核実験に踏み切る可能性を記者団に問われると「わかりません。官房長官に分析を指示しました」と答えた。訪米する首相補佐官の小池百合子には大統領補佐官と協議するよう伝えていた。

世界でも見方が分かれる中、ボルトンは、初の核実験が近くありうるという前提で動き出した。安保理の非公式協議で議論が始まる。三日、ボルトンは訴えた。「七月の決議で平壌にやめるように求めた中で、核実験は最も深刻なものの一つだ。これは北朝鮮が我々に突きつけた重要なテストだ」

そして、「安保理がなすべき予防外交にまさにふさわしいケースだ。その場限りの懸念表明ではなく、北朝鮮が核実験を思いとどまるような戦略を明朝話し合おう。新たな決議も考えられる。そのために皆さんは今晩、本国と相談してほしい」と呼びかけた。

「予防外交」は、冷戦後の国際社会の安定のため安保理が果たすべき役割として国連で議論されてきたが、実際に事が起きる前に安保理が態度を表明することはまれだ。ボルトンは一〇月の議長を務める日本大使の大島とすりあわせていた。大島は「速やかに、しかし焦らず」という姿勢で各国に検討を求めた。

北朝鮮とどう向き合うのか

北朝鮮という国家とどう向き合うのか。翌四日は、各国の姿勢が現れる場となった。

ボルトンは語った。「半世紀前の朝鮮戦争は今も休戦状態にあり、国連軍のもとに三万五〇〇〇の米国人が韓国にいる。その米国にとって北朝鮮の核実験は最大級に深刻だ」。そして「北朝鮮の今回の予告は外交的な策略ではなく、核能力を世界に示そうとするものだ」と述べた。

さらに「行動しなければ安保理は弱いと北朝鮮に見られ、ＮＰＴに入らない他国も妥当な結論に至る」と述べ、核実験の連鎖を招くとの見方を示した。北朝鮮が核実験をすれば経済制裁か「それ以上の重大な結果」を招くと表明すべきだと主張し、「その重大な結果は安保理での対応に限られない」として米国の単独行動すら示唆した。

ボルトンがここまで強硬に出るのは、米国が核実験の兆候をつかんでいるからに違いない。そんな印象を受け、議場の隣にある非公式協議用の会議室は静まりかえった。

北朝鮮が七月にミサイル発射した際に安保理の「過剰反応」を戒めた中国にとっても、核実験は許せなかった。大使の王は「懸念は同じだ。NPTの権威とまとまりを支え、朝鮮半島の非核化に努めることは中国の一貫した政策だ」と語った。

「指導部が事態の分析と対策にあたっている」と述べ、北京で外相の李肇星が各国外相と電話で協議し、北朝鮮の中国大使崔鎮洙（チェジンス）にはメッセージを伝えたと説明。「その主眼は、核実験をすれば重大な結果を招くという警告だ」と語った。ただし安保理での対応については北京の指示待ちとして明言を避けた。

「特に関係国間の複雑な国際政治を考えれば、六者協議で扱うのがベストだ」との発言に、中国の本音がのぞく。核兵器保有を安保理常任理事国と同じ五カ国に限るNPTでは北朝鮮を御せなくなっており、このままでは日韓でも軍備増強論が刺激されかねない。北朝鮮が対話を望む米国や、中国に立場の近いロシアも参加しており、自身が議長国を務める六者協議が最も無難だ——。

ボルトン主導の議論の流れを牽制したのが、「一日二日を争う話なのか」と語っていたロシア大使チュルキンだった。ソ連崩壊から新生ロシアへの激動期に外務省情報局長としてスポークスマンを務めた外交官で、駆け引きに熟達していた。

「中国の努力に感謝するが、カギを握るもう一つの国が米国だ。米朝協議が宙に浮いている」。チュルキンは軽妙な英語で語った。

ボルトンが即座に反応した。「六者協議の場で接触している。ロシアこそ圧力をかけられないのか。北朝鮮の声明を聞いた時、関係国の真剣さを欠くそうした態度を私は恐れた」

「ジョークだよ」といなすチュルキンを、当事者意識がないなら軽口を叩くなとばかりにボルトンはにらみつけた。「朝鮮戦争でソ連兵は何人死んだというのだ。そういう歴史がある場所なんだ」。米国の死者は三万六〇〇〇人を超える。ソ連は秘かに空軍を送ったが、参戦を公にしなかった。

顔色が変わったチュルキンをなお詰問しようとするボルトンを、これ以上はまずいと議長の大島が制した。大島は米中ロの大使に個別に根回しして、決議より一段弱い議長声明を提案していた。それが壊れてはどうしようもない。「平壌の無責任な予告を放置すれば他国も核実験に走りかねず、安保理の速やかな反応が重要だ」とまとめに入った。

ただ、大島はこれを「第一段階」と呼んだ。北朝鮮の七月のミサイル発射と今回の核実験宣言を、核兵器を搭載する弾道ミサイルの開発に向けた一連の動きとみていた。議長声明は核実験を牽制しつつ、北朝鮮が強行した場合は安保理が一致して速やかに制裁決議を打ち出す布石でもあった。

議長声明は六日の公式協議で採択された。議長席の大島が読み上げた。「安保理は事態を注視する。北朝鮮が核実験を行えば、国際の平和と安全への明白な脅威となる。国際社会の要請を無視するなら、安保理は国連憲章上の責任に応じた行動を取る」

米国は翌日から三連休だった。議長声明採択前の非公式協議で、ボルトンは「核実験の時期に関する米国の見解を示すものではないが」とわざわざ前置きして語った。「核実験後には即座に緊急会合を求める。たとえ皆さんが映画館にいても、礼拝中でも、家族と食事をしていても」

会議室は再び静まりかえった。

核実験に対し初の制裁決議

一〇月九日、北朝鮮は初の核実験を行った。被爆地の広島と長崎から抗議の声が上がり、放射能測定のため日本海上空を航空自衛隊の練習機T4が飛んだ。中韓を訪問中だった首相の安倍は記者会見で「我々はより危険な新しい核の時代に入る」と述べた。

米大統領ブッシュは日中ロ韓の各国首脳と立て続けに電話で協議し、ホワイトハウスでの緊急記者会見で語った。「朝鮮半島の非核化に取り組む我々には受け入れられない。国連安全保障理事会で緊急に対応すべきだと合意した」

ボルトンは、安保理で一〇月の議長を務める大島に「かねて相談の通り強い決議案を出したい」と電話した。米国は北朝鮮の三日の核実験予告をふまえ、実施した場合の決議案を準備し、各理事国に概要を連絡済みだった。安保理で初の対北朝鮮制裁決議へ歯車が回り始めた。

九日の非公式の緊急会合で、ボルトンはブッシュの発言を引き、「速やかに強い対応を」と米国の決議案を説明した。北朝鮮への軍需物資やぜいたく品の禁輸、大量破壊兵器関連の資産凍結、不審船の貨物検査などの経済制裁と、その根拠として「国連憲章第七章」と明記するとした。七章の明記は、七月のミサイル発射に対する非難決議の際は、「武力行使につながる」と中ロが反対して実現しなかったものだ。

ボルトンは同盟国日韓への攻撃は米国への攻撃とみなすと言及。議長の大島も最後に日本大使として発言した。「直ちに七章による措置をとる決議案を協議すべきだ。ここでひるめば、核の脅威は東アジアから中東、世界へ拡散する」。イランの核疑惑でも中ロは制裁に慎重で、欧米と溝があった。

三カ月前の七月には、北朝鮮による長距離弾道ミサイル発射への対応をめぐって、五常任理事国の間で激論になったが、核実験を非難することでは足並みが揃った。常任理事国はＮＰＴで核兵器保有を許された五カ国と重なっており、利害が一致するからだ。

最大の焦点は、関係国の対話による解決を訴えてきた中国が、核実験で一線を越えた北朝鮮に対する安保理の経済制裁を、ついに認めるのかどうかだった。

中国大使の王光亜は北京からの指示をふまえ、一二日の非公式協議で語った。

「中国は基本的に制裁を好まない。一般の人々を傷つけ、解決に資さないからだ。だが核実験の重大さに鑑みれば、安保理による一定の行動を支持する。これとて中国には容易な決断ではないのだ」

最後は棄権することにも含みを残したまま、決議案に修正を求める点を具体的に述べ始めた。最もこだわったのは、やはり「武力行使の可能性を含む七章」の明記だった。言及を「七章四一条」に限るよう求めた。武力行使を除く制裁について定める条文だ。

そして、北朝鮮が非核化に向けた六者協議に戻れば制裁を見直すことも明記すべきだと主張した。こうした注文をつける自国の姿勢について、朝鮮戦争以来の「血の同盟」で北朝鮮の悪行をかばうものだと誤解すべきではないとも強調した。「追い込むのでなく、対話の場に引き戻すのだ」

英国大使ジョーンズパリーは「七章」にこだわった。「言及がいやおうなく武力行使につながるという認識はほとんど誤りだ。決議の拘束力を北朝鮮にはっきり示すために必要なのだ。七章がこの状況で記されないなら無用の長物だ」

ロシア大使チュルキンは王に賛同し、決議採択を急ぐ「拙速」を戒めた。王の発言に理解を示す南米やアフリカの大使もいた。一五理事国の発言が一巡し、ボルトンが再び訴える。

一九九〇年の湾岸危機でイラクがクウェートに侵攻した時、安保理は四日後に「七章のもと行動し」とする経済制裁決議を出した。「核実験はそれに次ぐ事態だ。言葉だけでなく行動しなければ安保理の信頼はずたずたになる。核や生物、化学兵器を積むかもしれないミサイルが発射される次の実験を待つのか」。そして、一四日に採決を求めると述べた。

五常任理事国と日本の大使らは水面下で交渉し、一四日に妥協が成立した。決議案は「安保理は七章のもと行動し、四一条のもと措置をとる」。制裁項目で王が「緊張を高める」と拒んだ貨物検査については、表現を弱めて残された。六者協議への復帰要請は強調され、北朝鮮が決議に従えば制裁を見直す用意があるとも明記した。

北朝鮮制裁決議のひな形

まだヤマがあった。中ロから決議に反対されて否決されることはなくなったが、棄権されて安保理の結束を示せない可能性があった。採決直前の非公式協議で、大島は「議長提案でいいか」と諮り、王とチュルキンの顔を窺う。議長提案とは全一五理事国の賛同を意味する。異論は出なかった。

公式協議の議場へ移り、大島は議長として全会一致での決議採択を宣言。コンと木槌をたたくと、「昨今の国際社会にとって最大の懸念に対する決議が、速やかに、結束してなされたことは喜ばしい」と語った。

この英文で五ページの決議は、これから繰り返されることになる北朝鮮の核実験や弾道ミサイル発射に対する制裁決議のひな形となった。そして、決議の場での米朝の応酬も、七月のミサイル発射に対する非難決議の際と同様に繰り返された。

関係国として投票権なしで出席した北朝鮮大使の朴吉淵は、決議を拒絶した。「核実験は米国の核の脅威に対抗するためだ。米国は安保理を操り制裁決議を出した。圧力を強めるなら宣戦布告とみなし、物理的な対抗措置をとり続ける」と述べ、席を立った。

ボルトンが発言し、旧ソ連首相の逸話を持ち出した。「反論は時間のむだだが、その空席を見てほしい。北朝鮮大使は三カ月前も同じ事をした。かつて国連総会で靴を机にたたきつけたフルシチョフを彷彿とさせる」

三カ月前にボルトンとぶつかったチュルキンがたしなめた。「お怒りはわかりますが、歴史的に不適切な比喩で他のメンバーに影響を与えることはやめてもらえませんか」

第Ⅱ部

「核なき世界」と北朝鮮

チェコの首都プラハで「核兵器なき世界」を目指すと宣言したオバマ米大統領(2009年4月5日，ロイター＝共同)

第6章　オバマと「核の世界」

二〇〇九年

混沌から始まった北朝鮮への対応

「腐敗、偽り、反対者への抑圧によって権力にしがみつく者たちは、歴史の誤った側にいる。その拳を開くなら我々は手を差し伸べる」

二〇〇九年一月二〇日、米連邦議会議事堂前。大統領オバマは就任演説で二〇〇万人の群衆を前に語った。その遥か先、太平洋の向こうに北朝鮮総書記金正日がいた。

民主党のオバマ政権の北朝鮮への対応は混沌から始まった。それは共和党のブッシュ前政権から引き継いだものだった。

〇六年一〇月に北朝鮮が初の核実験に踏み切ると、二期目後半に入ったブッシュ政権は対応を急いだ。一二月、北京で一年ぶりに開かれた北朝鮮の非核化をめぐる六者協議の場で、首席代表の米国務次官補ヒルと外務次官金桂寛が二国間で協議した。焦点は北朝鮮関連資金があるマカオの銀行バンコ・デルタ・アジア（ＢＤＡ）への金融制裁で、二人は〇七年一月にもベルリンで会い、米国が拒んできた米朝協議が事実上再開した。

四月に米国がＢＤＡへの金融制裁を解除し、二月の六者協議をふまえ北朝鮮へのエネルギー支援として重油提供が七月に始まった。北朝鮮は同じ七月に寧辺の核施設の停止を発表。一九九三～九四年の第一次核危機を受けた米朝枠組み合意で凍結され、〇二～〇三年の第二次核危機で再稼働されていたものだ。さらに米国は〇八年一〇月、北朝鮮が敵視政策の象徴としてきたテロ支援国家の指定を解除。指定は、冷戦期の大韓航空機爆破事件を受けて一九八八年から続いていた。

だが、北朝鮮はもう動かなかった。〇八年一二月の六者協議は、すべての核計画の申告と放棄の検証方法の詰めにこだわる米国と、拒む北朝鮮とが対立したまま休会となった。

ブッシュの任期切れが迫る中、米国務省は混乱していた。米朝協議と六者協議に臨んだヒルが振り返る。

「〇七年のＢＤＡ制裁解除は前へ進むために必要だった。凍結されていた北朝鮮関連資金は二五〇〇万ドルに過ぎない。実際に核開発を止める効果はないが、北朝鮮が反発する象徴的な制裁だったので解除し、非核化へ米朝協議を進めようとした」

北朝鮮はプルトニウムを作る寧辺の核施設の停止には応じ、〇八年六月に原子炉の冷却塔を爆破して見せた。だが、それとは別に米国が指摘してきた高濃縮ウランの製造施設については協議に応じなかった。

ヒルは一〇月一～三日に平壌を訪れ金桂寛と協議したが、「高濃縮ウランの検証に応じないことがはっきりわかった。それで、一一月の大統領選でオバマ氏が当選する前に米朝協議を止めた」。ところが一〇月一一日、米国務省は「非核化の検証で北朝鮮のかなりの協力が得られた」としてテロ支援国家の指定を解除。高濃縮ウランの検証は「相互の合意の下で行う」とあいまいにされた。

北朝鮮のテロ支援国家指定の解除はブッシュが六月に方針を表明していたが、その実施は、非核化の検証について米朝協議で詰まらないため先送りされていた。その米朝協議が、テロ支援国家指定の解除直前に頓挫していたとヒルが語るちぐはぐさ。腰の定まらない米国が臨んだ一二月の六者協議は結論が出ず休会となり、それ以降開かれていない。

かつて米大統領初の訪朝を探った民主党のクリントン政権末期と同様に、共和党のブッシュ政権末期にも対北朝鮮政策で成果を急ぎ、駆け込むように動いた。その全貌はヒルもつかめていない。「テロ支援国家の指定解除は国務省の反テロ部門が仕切った結果だ。私自身、当時何があったかを調べないと、これ以上のことを思い出せない」

プラハ演説の直前にミサイル発射

米朝の対話が途絶えたままオバマ政権が発足して二カ月弱、〇九年三月一二日、「四月四～

八日の衛星打ち上げ」に関する北朝鮮からの通告を国際海事機関（ＩＭＯ）が公表した。事実上の長距離弾道ミサイル発射予告だ。一段目が日本海に、二段目が東北上空を越えて太平洋に落ちるルートだ。「衛星打ち上げ」との主張も含め、一九九八年のテポドン発射時と似ていた。

事態は北朝鮮の長距離弾道ミサイル発射をめぐる「教訓の応酬」の様相を呈していた。

〇六年のテポドン2を含む七発の発射に対し、国連安全保障理事会で、日米は「九八年の教訓」を訴えて初の北朝鮮非難決議を主導し、弾道ミサイルについて「すべての活動の停止」を明記。その後の初の核実験に対する決議では打ち上げを明確に禁じた。九八年の発射では、「宇宙の平和利用」という北朝鮮の主張も安保理で理解され、対応は決議より数段低い「報道向け談話」にとどまっていたことは第2章で述べたとおりだ。

今回は北朝鮮が「九八年と〇六年の教訓」を生かそうと、「衛星打ち上げ」を事前通告した。九八年の発射では事前通告がなかったことが報道向け談話で遺憾とされていた。また、〇六年の発射では「自衛のための訓練」と表明したことで、国際社会の安全に関わる問題として安保理の結束につながったのだった。

だが、その事前通告で、ミサイル発射への動きを世界が注視した。オバマは「挑発的行為で中止すべきだ」と四月に入り繰り返し表明。日本は「〇六年の教訓」でミサイル防衛の配備開始を〇七年に前倒ししていた。〇九年三月二七日、首相麻生太郎を議長とする安全保障会議は不測の落下に備え、自衛隊に初の弾道ミサイル破壊措置命令を出すことを決めた。

発射は四月五日だった。〇六年発射の七発のうち一発は打ち上げの失敗で日本海に落ちたテポドン2だったが、今回はその改良型だ。プラハを訪れたオバマが、「核兵器を使った唯一の国」としての責任にも触れ、「核兵器なき世界」を目指す演説をする直前だった。

「ちょうど今朝、より厳しい形で核の脅威に対処する必要があるという思いを新たにした」

オバマは演説で発射に触れた。「こうした兵器の拡散を防ぐ行動が、午後に開かれる安保理に限らず必要だ」

テポドン2発射への安保理での対応は、オバマにとって北朝鮮にどう向き合うか、日本にとっては、オバマのアメリカとどう連携するかの試金石となった。九八年、〇六年と同様、壁は中国だった。

五日の日曜、日本の要請で安保理の緊急会合が非公式で開かれる。大使の高須幸雄は、「発射は日本で緊張と不安を引き起こし、この地域を超える脅威となった。〇六年の安保理決議に違反しており、強く非難すべきだ」と訴えた。

そして、「〇六年の決議が無視されれば安保理の権威と決議の効力は危機に瀕する。安保理は明確で断固とした対応を示すべきで、その形は非難決議がふさわしい」と強調。「それが停滞する六者協議を動かす正しい道でもある」と語った。

即座に中国大使の張業遂（チャンイエスイ）が反論した。「北朝鮮は、衛星打ち上げは宇宙の平和利用だと主張し、事前通告している。安保理決議違反と決めつける過剰反応は戒めるべきだ」。そして、「緊張を高めるいかなる行動もすべきでない。九八年と同じ報道向け談話がふさわしい」と述べた。数カ国が中国寄りの発言を続けた。北朝鮮の弾道ミサイル輸出先だったリビアの代理大使ダバシは「打ち上げは一部の国が言うほど危なくない」として報道向け談話で足りると主張。ロシアは「モスクワで分析中だ。正確な情報とバランスをふまえた対応を」と求めた。

日本が求めた非難決議に対し、常任理事国で中ロは応じず、フランスは支持し、英国は議論が数日必要だとして留保した。

米中の相互依存の深化

米国は日本を支持した。大使はオバマの側近で、後に大統領補佐官となるスーザン・ライス。国連重視のオバマ政権で大使は閣僚級に格上げされていた。

「今は二〇〇九年だ。一九九八年ではない」。ライスはそう語った。弾道ミサイル発射を禁じる国際合意はなかったが、〇六年の決議が北朝鮮に対して禁じる根拠を打ち立てたと強調し、オバマのプラハ演説をひいた。「ルールは強制力を伴い、違反は罰せられ、言葉は意味を持つべきだ」

日米の連携はうまく滑り出したかに見えた。アジアや核問題が専門ではないライスの〇九年一月の赴任時、高須は長い国連外交の経験をふまえていろいろと助言し、「緊急事態があればすぐ連絡を取り合おう」と携帯電話の番号を伝えた。今回の発言も事前にすり合わせていた。

だが高須は、ライスの「非難決議を求める」という言いぶりに弱さを感じた。事前に張と話して中国の反発を目の当たりにして、押されているのでは——。

高須の不安は的中する。三日後の八日の非公式協議でのことだ。米国は決議という形式に言及せず、「ベストを目指して各国と議論を詰めている。盛り込む要素を週内に示したい」と表明した。日本が「国民の関心は高く、首相自ら外交努力をしている」と決議へのこだわりを示したが、中国はこう語って余裕を見せた。「衛星打ち上げへのメッセージで、すべての国が求める成果が早く得られるよう望む」

決議より一段下の議長声明に向け、水面下で米中の協議が進んでいた。〇六年の北朝鮮のミサイル発射と核実験をめぐっては安保理の非公式協議が連日のように開かれ、他国の前で日米中の大使が激しく意見をぶつけ合った。それを避けようとする米中の「教訓」でもあった。

その背景には、米中の国力接近と相互依存の深化という地殻変動があった。

ストックホルム国際平和研究所によると、〇九年の米国のGDP（国内総生産）は中国の二・四倍、軍事費は五・三倍。北朝鮮の第一次核危機が起きた九三年の八倍、一八倍に比べ、かなり中国が米国に迫っている。〇八年のリーマン・ショックによる金融危機が世界経済に打撃を与える中、中国はいち早く回復し、GDPで一〇年に日本を抜き世界二位となった。また、北朝鮮との経済関係も強まっていた。

北東アジアの現実

中国は六者協議の議長国として北朝鮮の核問題に責任も負った。今回のミサイル発射直前の一日にはオバマと国家主席胡錦濤の初の米中首脳会談があり、閣僚級の米中戦略・経済対話の新設で合意した。金融危機に加え、北朝鮮への対応でも密接に連携することで一致した。

この対話の枠組みは、既存の大国と新興国が衝突してきた歴史の繰り返しを避けようと、米中で世界の懸案を話し合うものだった。米朝協議が深まった九〇年代には「北朝鮮問題を独占している」と安保理で揶揄された米国だが、今や中国抜きの北朝鮮政策を考えられなくなっていたのだ。

今回、発射が約一カ月前に通告される中で、オバマ政権内には、北朝鮮との対話継続や中国の反対を意識し、決議に対する消極論が出ていた。一方、三月二七日には六者協議の首席代表のうち日米韓での協議がワシントンであり、非難決議を目指す日韓に米が歩調を合わせた。綱引きは発射前から始まっていた。

対話か制裁か。同盟国の日韓と、北朝鮮への影響力を強めつつ台頭する中国とのバランスをどう取るのか――。オバマの「核兵器なき世界」の理念は早々に、北東アジアの現実に直面していた。

国連正面の高層ビルにある米国代表部で、高須はライスに談判した。

高須「米国がそんな姿勢では決議は取れない」
ライス「決議だと中国が拒否権を使うから、結局実現しないのではないか」
高須「使う訳がない。日本で初めてミサイルの迎撃態勢を取り、国会では非難決議をした。同盟国の意向も考えてほしい」
ライス「決議を追求して何も取れない結果に終わってもいいのか」
高須「議長声明なら全会一致が必要だ。日本が賛成しなければ通らない」
高須は北朝鮮のミサイルに対する日本人の感覚を理解してもらおうと、ライスに「今回のミサイルはオバマ大統領の出身地ハワイに届きうる」とまで説く。だが、水掛け論に終わった。地理的に北朝鮮に近い日本と、遠い米国。弾道ミサイルに対する脅威認識の差はクリントン政権時に露呈し、ブッシュ政権時には北朝鮮が核・ミサイル開発を進めたことで狭まったかに見えた。だがオバマ政権になり、少なくとも国連大使の間ではリセットされていたのだった。

「議長声明」で日中交渉が成立

北朝鮮が四月五日に長距離弾道ミサイルを発射し、日本列島を越えてから数日後のことだ。ライスは高須に、国連安全保障理事会の議長による非難声明案を示した。中国の張業遂とまとめたものだった。

安保理の意思表明で最も強い決議ではなく、一段下の議長声明。それ自体が高須は不満だったが、内容に驚く。今回の発射が、〇六年の長距離弾道ミサイル発射と初の核実験をふまえ、北朝鮮の弾道ミサイル発射を禁じた安保理決議に違反しているという言及がないのだ。

「北朝鮮は衛星打ち上げだと事前通告している。決議違反の認定は慎重にすべし」という中国の主張の反映だ。こんな弱い内容では、また北朝鮮に発射を繰り返されるのに、ライスは張に押されている――。そう感じた高須は、ライスに「まだ議長声明の採択には応じられない。首脳間で中国に働きかける」と告げた。

「もう米中で手を打った。採択を急ごう」というライスの物腰は、米国が中国から取れないものを日本が取れるのかと言わんばかりだった。「いや、やってみる」と高須が伝えた場は、東南アジア諸国連合(ＡＳＥＡＮ)関連会合でタイを訪れる日中韓三首脳による会談だった。

一一日午後、外では反政府デモが頻発し、不穏な雰囲気のタイ・パタヤのホテルの一室で、首相の麻生太郎、韓国大統領の李明博、中国首相の温家宝が向き合った。麻生は李とすりあわせた上で、温に「決議が必要だ」と求めた。「議長声明を」とこだわる温に、麻生は譲り、こう言った。「その代わり内容を最大限強くしたい。決議へのviolation(違反)と書くべきだ」

会談結果を高須はその日に公電で知り、張に「首脳間で合意した」と伝えて議長声明案の練り直しを持ちかけた。張は応じた。「こちらには北京からまだ連絡がない。でも、日本がそこまで北朝鮮を心配するなら一工夫するか」

後に筆頭外務次官となる張は、北京の指示待ちでなく、ニューヨークで判断する裁量を認められており、胡錦濤指導部から信用があるようだった。そして、二〇〇九年当時はまだ、日中の国連大使間で安保理の結論を導くようなやり取りができていた。尖閣諸島の国有化で日中の対立が決定的になるのはこの三年後だ。

壊されたガラス細工

高須と張は国連近くの中国代表部で、英語による議長声明案の内容を詰めた。焦点は、今回の発射を〇六年決議への「違反」とする表現についてどこまで踏み込むかだった。

実際に衛星打ち上げにも使われる弾道ミサイル技術を一律に禁じる国際合意がない中で、今回の発射を〇六年の決議への違反であると安保理が強調すればするほど、この決議が北朝鮮に限り発射を禁じる新たな国際合意として重みを増す。もちろんそれを北朝鮮は嫌うだろう。

高須は「violation でいきたい」と主張したが、張は「強すぎる」。少し弱い感じの contravention を使うことを考え、それぞれ本国から了承を得た。ライスは高須から連絡を受け、米中協議以上の内容を日中でまとめたことに驚いた。

まだニューヨークは一一日土曜だ。安保理の非公式協議が開かれた。ライスは五常任理事国と日本による案として、議長声明としては異例の強い内容を示した。今回の発射を〇六年決議への違反として非難し、今後発射しないよう強く要請、国連加盟国には〇六年決議にある制裁を完全に実施するよう要請するものだ。

張は「北京は満足ではないが受け入れた。結束してタイムリーに明確なメッセージを出すのが安保理だ」と、一方高須は「東京は決議を強く望んだが、重要な要素は議長声明に入っている」と、それぞれ述べた。英国大使サワーズは「安保理の対応にはいろいろな形式、内容があり得るが、この案は首脳級も含む関係国の努力の結果だ」と評した。

「微妙なバランスの案」（メキシコ）と各国大使が評価する中で、リビアの代理大使ダバシが苦言を呈した。当初「過剰反応すべきでない」とより弱い対応を求めていた中国に同調したが、はしごを外された形だったのだ。

「この案は五常任理事国と日本だけで交渉され、安保理の他の非常任理事国九カ国は加われなかった。本国に受け入れるよう求めはするが、いくつか難点がある。常任理事国は経過を説明すべきだ」

全会一致が慣例の議長声明は一三日に採択された。「平和的かつ外交的な解決を望む」とし、「朝鮮半島の非核化と北東アジアの安定に向けた六者協議の早期再開を」と呼びかけた。北朝鮮非難に終わるべきではないという張の強い要望だった。

これは、米オバマ政権発足早々、日米中が間合いを探りながら出したメッセージだった。しかし、このガラス細工は即座に壊された。

北朝鮮は、一四日の外務省声明で「安保理が我々の衛星打ち上げを論議したこと自体許しがたい。存在意義を失った六者協議に再び参加することは絶対にない」と表明。北朝鮮の非核化のため、米中ロ日韓とともに北京に集まって〇三年に始まり、〇八年一二月を最後に開かれていなかった六者協議を脱退する考えを示した。

今回の議長声明をふまえて、二四日、〇六年決議で安保理にできた北朝鮮制裁委員会が、北朝鮮の企業などを初めて資産凍結の対象に指定した。日米が求めた一四団体から、中ロの要請で三団体に数は絞られたが、北朝鮮は反発し、二五日に六者協議合意で凍結した核開発の再開を外務省が宣言した。二九日には「安保理が謝罪しなければ核実験や大陸間弾道ミサイルの発射実験を含む追加的な自衛措置をとる」と表明した。

対話の場は壊れ、二度目の核実験が秒読み段階に入る。「国際の平和と安全の維持に関する主要な責任」(国連憲章)を担う安保理と、核・ミサイル開発を続ける北朝鮮が直接相まみえる事態が生まれていた。

二度目の核実験

米戦没将兵記念日の二〇〇九年五月二五日、ホワイトハウスのローズガーデン。祝日の午前に集まった報道陣の前に、米大統領オバマが現れた。「おはよう。これからアーリントン(国立墓地での式典)に行くが、その前に一言述べたい」

一言では済まなかった。北朝鮮がこの日、三年ぶり二度目、一月のオバマ政権発足後では初めてとなる核実験を強行していた。

「無謀な行いを強く非難する。目に余る国際法違反で、米国は国際社会とともに行動を取る。北朝鮮の行いは明白だ。核計画を放棄すると約束しておきながら無視した。国連安全保障理事会の決議も無視した」

「北朝鮮は孤立を深めるだけでなく、国際社会からのより強い圧力を招いている。ロシアと中国、そして長年の同盟国である日本と韓国と認識を共有した。北朝鮮は、脅迫と違法な兵器によって安全保障と尊敬を得ることはできない」

北朝鮮は五月に入り、外務省が「オバマ政権発足後一〇〇日間の政策を見守った。敵視政策に少しも変化がない」と表明。「最近の国防力強化は、決して誰かの注意をひいて対話してみようということではない」とも強調していた。

オバマは式典から戻ると東京へ電話した。首相の麻生に、引き続き「核の傘」で日本を守ると伝え、「国際社会の意思を北朝鮮に明確に示すため、迅速に強力な安保理決議を採択しよう」と確認した。

安保理で議論が始まった。米国は四月の長距離弾道ミサイル発射への対応では揺れたが、今回は違った。オバマが掲げる「核兵器なき世界」に挑むかのような総書記金正日の行動に、米国の国連大使ライスは、日本大使の高須幸雄にこう語った。

「悪行の結果責任を取らせる。痛みを感じさせないといけない」

五月二五日の非公式の緊急会合で、ライスは北朝鮮の動きを次々と明かした。核実験は前夜に米国務省に予告されていた。場所は〇六年の初の核実験に近く、追って短距離ミサイルも複数発射された――。数日で決議を採択し、核実験がもたらす「深刻な結果に北朝鮮を直面させよう」と呼びかけた。

高須も「日本と国際社会への深刻な脅威であり、核軍縮への努力に逆行する」と批判し、決議案の要旨をすぐ示すと発言した。中国大使の張業遂は「安保理は冷静かつ慎重な行動を」としつつ「中国が一貫して朝鮮半島の非核化を求めているにも関わらず実施された」と北朝鮮への不満を述べた。五月の議長国ロシアの大使チュルキンは「決議へ向け速やかに協議を始める」と締めくくった。

日米で案を作り、五常任理事国と日韓でもむ作業が始まった。当時、米国は大量破壊兵器の輸出を多国間で封じる拡散防止構想(PSI)を主導していた。今回の決議で北朝鮮向けに強化しようと、疑わしい船への貨物検査を国連加盟国が自国の領海で義務化し、公海でも認める案を示した。

公海では、平時の強制的な貨物検査は国際法で海賊などに限られている。日米案はその対象を北朝鮮制裁へ拡大していた。また、制裁決議の序文で、〇六年の初の核実験の際には「国連憲章七章四一条のもと」としていた表現から、武力によらない制裁について定める「四一条」を削るよう求めた。

影を落とすイランの核開発疑惑

米国がここまで強く出たのには別の理由もあった。オバマの「核兵器なき世界」へのもう一つの壁で、北朝鮮の核・ミサイル問題と同時進行していたイランの核開発疑惑だ。

イランが核兵器に使える濃縮ウランの製造をひそかに進めていた問題は〇三年に国際原子力委員会(IAEA)の調査で表面化し、安保理は〇六年から議論を開始。平和利用だとして製造を続けるイランに対し制裁決議を重ねていた。一方、北朝鮮は〇六年に核兵器製造のためと公言して初の核実験をしたが、制裁決議はその際の一度だけだった。

両国への制裁の内容を比べると、貨物検査などで北朝鮮よりイランの方が重かった。このため、米国は二度目の核実験をした北朝鮮に対し、イランより重い制裁を目指した。そうしないと、イランも北朝鮮のように公然と核兵器製造へ走りかねないと考えていたからだ。

中国は強く反発した。制裁が軍事衝突に発展しないようにと、〇六年の決議で「四一条」の明記に固執したからだけではない。北朝鮮にとって中国との貿易は生命線だ。貨物検査を徹底すれば「宣戦布告だ」としてより危険な行動に走りかねないと懸念したのだった。

高須は、米中のにらみ合いが続いて決議が遅れ、日本で不満が高まることを恐れた。脳裏には北朝鮮の初の核実験に対する国内の反応があった。当時の自民党政調会長中川昭一や外相の麻生が核武装論議の必要性に言及したのだ。これを中国が懸念し、首脳会談で安倍晋三が胡錦濤に「非核三原則の堅持」を強調する事態になった。

高須はこれを逆手に取り、張に説いた。「北朝鮮にきちんと対応しないと日本でまた論議が起きかねない。「中国がいる安保理に任せられない。自分で自分を守る」と」。張もかつての論議を知っており、理解したように見えた。

だが、米中での協議は長引いた。六月三日、ライスは貨物検査強化で張と合意したと高須らに伝えたが、張は北京からそれではだめだと突き返された。四月の長距離弾道ミサイル発射への対応で調整力を見せた張は本国の説得に努めたが今回は実らず、ライスも落胆し、行き詰まる。

米中連携による制裁包囲網

そこから五常任理事国と日韓が知恵を絞った。各国大使らが米国の国連代表部に集まり、妥協点を探った。非公式協議も開かれないまま常任理事国中心に水面下の交渉が続く事態に、日本を除く非常任理事国九カ国には不満が高まり、高須は橋渡しで連日説明に回った。

ライスが核実験から数日で出すと言っていた制裁決議は、半月以上経った六月一二日に全会一致でようやく採択された。武器禁輸や金融制裁を強化し、貨物検査は国連加盟各国の領海では義務化するのでなく「要請」とし、公海では船が属する国の同意が必要とされた。四一条への言及は復活し、張は採択の場で「武力の行使や威嚇は決して許されない」と牽制した。

採択の場に、リビアの代理大使ダバシは複雑な思いで臨んでいた。米英のイラク攻撃でフセイン政権が倒れた〇三年、リビアのカダフィ政権は米英と交渉の末に核兵器計画の廃棄に応じた。米国は北朝鮮にリビアを見習うよう呼びかけていた。

ダバシは語った。「リビアが核兵器を捨てたのは、それが持つ国にも持たない国にも脅威をもたらすからだ。だが、国際社会はリビアにも北朝鮮にも平和な核技術の提供という見返りを与えず、世界の核兵器廃棄も進められないでいる」。それは、核軍縮と、発展途上国の核の平和利用への協力を締約国に求める核不拡散条約(NPT)をふまえた主張だった。

「リビアは経済制裁に率先して反対してきた。貧困と飢えが増し、教育と衛生が衰退するからだ。今回の制裁が北朝鮮の人々を直接傷つけないと信じ、対話が再開されればすぐ撤回されると願って、全会一致の決議の輪に加わる」

発足間もないオバマ政権は北朝鮮の核・ミサイル問題に直面し、国際社会との間合いを探る中で、二度目の核実験は対話を唱える中国の立場を弱め、米中連携による制裁包囲網が形になってきた。これに対し北朝鮮外務省は、制裁決議翌日の声明で「封鎖を戦争行為とみなす」と宣言。「ウラン濃縮技術が開発され試験段階に入った」と述べ、米国に〇二年に指摘されても否定してきた高濃縮ウランによる核開発計画の表明にも踏み切った。

六月の制裁決議から三カ月後の九月二四日、同じ議場で一五理事国の首脳らによる安保理サミットが、「核不拡散と核軍縮」を議題に開かれた。九月の議長国・米国のオバマが提起した「核兵器なき世界」を目指す決議を採択。NPTで核兵器保有が認められ、常任理事国と重なる五カ国を含む全会一致だった。

　オバマは「この歴史的な決議は、核兵器なき世界に向けて我々が共有する誓約だ」と宣言した。「核の危機を減らす行動のための幅広い枠組みについての合意だ」とも語り、国際社会が直面する核問題として北朝鮮とイランに対し包囲網を築くよう求めた。

　米国と並び約七〇〇〇発の核兵器を持つ核大国、ロシアの大統領メドベージェフは「米国と核兵器の削減を進めてきたが、拡散を防ぐには国際社会の相互不信はなお強い。すべての国の協力が必要だ」と主張した。

　中国の核兵器の保有数は米ロの五%以下だが、徐々に増やしているとみられている。国家主席の胡錦濤は「核大国は引き続き軍縮の主導を。国際社会は核抑止力に頼るべきでない」と微妙な言い回しだった。「すべての国は核エネルギーの平和利用の権利を尊重される。先進国は途上国の平和利用に支援を」と、発展途上国を代表するかのような発言も忘れなかった。

　日本からは政権交代を果たしたばかりの民主党の首相鳩山由紀夫が出席し、オバマの「核兵器なき世界」の理念に賛同した。「日本が核兵器開発の潜在能力があるのに非核の道を歩んできたのは、唯一の被爆国としての道義的な責任だと信じたからだ」と強調し、「日本が非核三原則を堅持することを誓う」と語った。

　一方で鳩山は、「北朝鮮による核開発は断固として認められない。さらに必要な措置をとる」とも表明した。拉致問題も抱える日本は独自制裁を先行させており、制裁メニューに手詰まり感が強い中で、六月の制裁決議を根拠に新規立法へと動いていた。対北朝鮮の貨物検査特別措置法は翌年五月に成立する。

「いかに障害が大きくとも立ち止まってはならない」。この安保理サミットで、議長席からこう呼びかけたオバマのノーベル平和賞受賞が〇九年一〇月に決まる。理由は「核兵器なき世界を目指す理念と取り組みを重視する」。理念への共感は広まりつつあった。そして、取り組みをめぐる苦闘もすでに始まっていた。

第7章　事務総長潘基文の模索

二〇〇七〜一六年

特使の訪朝

事務総長は国連の顔だ。世界平和の理念を説き、紛争の仲介にも務める。任期五年を二期務めるのが慣例だ。主に加盟国の分担金で賄う年約一〇〇億ドルを超える予算と、約四万人の職員を預かる国連事務局の最高経営責任者（ＣＥＯ）でもある。

二〇〇七年、第八代事務総長に、東アジア出身で初めて潘基文（パンギムン）が就いた。潘は、韓国の国連大使や外交通商相を歴任。ガーナ出身の先代のコフィ・アナンの後任となることが事実上決まった〇六年一〇月九日に、北朝鮮による初の核実験が重なった。記者会見で「喜ぶべき瞬間だが、心は重い。事務総長として与えられた権限の範囲内で率先して行動する」と語っていた。

北朝鮮と国際社会の対話が途絶え、核・ミサイル問題は悪化していた。米中ロ日韓との六者協議が〇八年一二月を最後に開かれないまま、〇九年四月、北朝鮮は長距離弾道ミサイルを発射し、安保理がこれを非難する議長声明を出すと六者協議脱退を宣言。翌五月に二度目の核実験をし、安保理は追加制裁を決議するという応酬が続いた。

一二月にオバマ政権初の米朝協議が平壌であり、米側は総書記金正日あての大統領親書も届けて六者協議復帰を促す。一〇年一月一一日、北朝鮮外務省は、半世紀前から続く国連軍と中朝の間の朝鮮半島休戦協定を平和協定に切り替え、六者協議復帰の条件として制裁解除を求める提案を表明した。米国は拒んだが、ボールは国連にも投げられた形だった。

そして、潘が動いた。自身の特使として、政治担当の国連事務次長パスコーを平壌に二月九〜一二日に派遣すると発表。国連機関が扱う人道支援にとどまらず、幅広い問題を話し合う考えを示した。特使派遣は北朝鮮からの招待だと事務局は説明したが、実は、潘が一年半前から水面下で打診していたものだった。

安保理に波紋が広がった。国連憲章上、事務総長と安保理は微妙な関係にある。総会が任命する事務総長の人選は安保理の勧告に基づき、拒否権を持つ五常任理事国の意向に左右される。一方、安保理が主な責任を担う国際の平和と安定への脅威への対応について、事務総長は注意を喚起できる。

安保理を仕切る常任理事国は、事務総長のスタンドプレーを好まない。まして対北朝鮮への制裁決議は安保理での激論と妥協の末に生まれたガラス細工だ。朝鮮半島に思い入れの強い潘が、頭越しに北朝鮮と妥協するのではないか——。二月三日、潘が世界各地の情勢を説明するために出席した安保理の非公式協議は緊迫した。

潘は「来週に特使を派遣する。国連と北朝鮮の高官対話を再開するためだ。核を含むお互いのあらゆる関心事をパスコーは提起するだろう」と語った。

米国大使スーザン・ライスが牽制の口火を切った。「北朝鮮は六者協議に戻らねばならない。そうすれば安保理が制裁解除の可能性について考えられるようになる。逆ではない。そのメッセージを明確に伝えることが重要だ」

日本大使の高須幸雄が「北朝鮮が六者協議復帰や朝鮮半島の非核化について条件を出しても、国連は相手にすべきでない」と続き、フランスも同調した。六者協議の議長国を務める中国は理解を示したが、「北朝鮮に対する国際的な人道支援を強める観点から、特使派遣を支持する」と語るにとどめた。

潘は「日本の主張に留意する」としつつ、こう語った。「一九九三年以来、事務総長が平壌を訪れていないのは異常なことだ。国連と北朝鮮の意思疎通の復活が欠かせない」

九三年当時の事務総長は元エジプト副首相のブトロス・ガリだ。この年の北朝鮮の核不拡散条約(NPT)脱退宣言で緊張が高まった第一次核危機の際に訪朝し、金正日の父である国家主席金日成と会談した。それにあえて触れた潘は、特使派遣の先に自身の訪朝を見すえていた。

パスコーは訪朝し、北朝鮮ナンバー2の最高人民会議常任委員長金永南(キムヨンナム)らと会談。潘から金正日への口頭メッセージと贈り物を託した。その結果が、二月一八日の安保理非公式協議で報告された。

米国のインドネシア大使から潘に起用されたパスコーは、安保理の懸念にていねいに答えるところから始めた。「非核化と六者協議の問題では、交渉に出しゃばることがないようにきわめて慎重に取り上げた。条件なしで六者協議に戻るべきだという安保理の見解を伝えた」

ただ、自身の「印象」として、こう付け加えた。「北朝鮮は核兵器を抑止力としてだけでなく、朝鮮半島の非核化交渉で相手に軽んじられないように必要としている。安保理による制裁をとても不快に思っていることは明らかだった」

パスコーは北朝鮮に対する国連の人道支援の窮状も述べた。「財源不足でいくつかの計画は中止になることを現地の担当者は心配していた。人口一人あたりの支援額は北朝鮮の二ドルに対し、ミャンマーは一五ドル、ジンバブエは五〇ドルだ」

英国大使ライアル・グラントは「気がめいる報告だ」ともらし、「制裁決議を実行し、六者協議に戻るほかに道はないことを北朝鮮に常に考えさせるべきだ」と語った。高須は賛同し、潘の対話への努力を評価しつつ「北朝鮮は容易な国ではない」と述べ、人道支援について「平壌が不正な目的に振り向けていることはないのか」と事務局の見解を問うた。

パスコーは答えた。「支援は届いていると私たちは確信している。ほとんど幼児向けの食糧で、兵士に回っているという指摘は誇張だ」。そして、「今回のような訪朝が定期化することを願う」と語った。

だが、潘の特使が再び北朝鮮に行くことはなかった。

九カ月後の一一月に北朝鮮軍が韓国の大延坪島を砲撃して軍事的緊張が高まり、六者協議が動かない中、米中の対立で動けない安保理は非公式に事務総長の特使派遣を検討したことがあった。その時ですら、「特使の役割が不明確だ」「安保理の仕事を事務総長に任せるべきではない」といった反対が出たことで実現しなかったのだ。

「天安」沈没事件

二〇一〇年三月、潘が平壌に特使を送った翌月のこと、韓国軍哨戒艦「天安」が黄海で沈没し、四六人が死亡・行方不明になった。韓国は北朝鮮の魚雷によるとした調査結果を五月に発表。一九五〇～五三年の朝鮮戦争後、北朝鮮軍によるとみられる攻撃で最大の惨事となった。

潘の外交官人生の原点は朝鮮戦争だ。戦争勃発時には六歳で、炎上する故郷の村から山中へ泥道を逃げた。困窮の中でまぶたに焼き付いたのは、支援物資を配る国連の旗だった。

六月、ニューヨークでの朝鮮戦争開戦六〇年の夕食会で、潘は当時を想起しながら語った。「朝鮮半島の人々に苦しみと破壊をもたらした悲しい記念日だ。天安の事件で、この地域の平和と安定を堅固にすることが急務だと改めて心に刻んだ」

潘には、総書記金正日が核・ミサイル開発を進めて国際社会から孤立し、北朝鮮の人々が困窮する状況を何とかしたいという切迫感があった。「対話と交渉での解決に最善を尽くす。それが国連のやり方、事務総長の役割だ」

潘は訪朝の可能性を探り続けた。拉致問題も抱える日本の理解を得ようと、国連大使の高須幸雄と何度も意見を交わした。日本大使公邸での朝食会で、潘は「国連のオフィスで北朝鮮からの来訪者や国連代表部の関係者と会うだけではだめだ。平壌に行ってトップと会い、前向きな対応を引き出したい」と語った。

高須は国連による人道支援には理解を示しつつ、事務総長の訪朝は北朝鮮に誤ったシグナルを送ることになると疑問を呈した。「核とミサイルの問題で北朝鮮は安保理決議への違反を続けている。その決議に一切関与する立場にない事務総長に交渉の余地はない。拉致を含む人権問題も改善していない」

その後も北朝鮮は核実験と弾道ミサイル発射を重ね、そのたびに安保理は決議で制裁を強めた。米中ロ日韓との六者協議は止まったままだった。二期目の任期切れとなる一六年末に向け、潘の訪朝への思いは強まった。

朝鮮半島をめぐる問題は、冷戦構造が残る歴史的経緯や、核やミサイルをめぐる国際ルールに加え、度重なる決議で複雑になるばかりの北朝鮮への経済制裁といった事情から、多くの国連加盟国にとって特殊で難解だ。しかも安保理の非常任理事国一〇カ国は、二年たてば次々と入れ替わっていく。

安保理の緊急会合が開かれるような事態で、国連事務次長が冒頭で現状を説明し、その場で

「いかなる支援もする覚悟だ」という潘の考えも伝えられるようになった。安保理の中からは事務総長の訪朝について「潘の判断に任せていいのでは」という声も出てきた。

だが、常任理事国の米英仏や日本は「誤ったシグナル」への懸念を示し続けた。一三年に日本の国連大使となった吉川元偉も、潘訪朝が話題になると「行くなら制裁決議をすべて背負ってしっかり対応してほしい。それで建設的な訪問になるなら歓迎する」と記者団に語り、牽制していた。

果たせぬ訪朝

一五年に事態は動く。「北朝鮮が訪問に応じた。韓国の朴槿恵大統領とも話している」。潘は周辺にそう語り、水面下で準備を進めた。

五月に韓国・仁川で開かれる国際会議に出席し、その足で北朝鮮の開城工業団地を訪れるという運びだった。ソウルから約七〇㎞、南北軍事境界線付近にあり、韓国の企業が北朝鮮の労働者を雇っている。二〇〇〇年の南北首脳会談を機に、〇四年から生産が始まった南北協力の象徴だった。

五月一九日、潘は仁川での記者会見で、二一日に開城を訪れると発表した。

「朝鮮半島の平和と安定は、国連事務総長としての私の最優先課題の一つであり続けている。私は対話の力を信じる。対話は南北間の諸懸案に対処し、前へ進む唯一の道だ」

「南北にとってウィンウィンのモデルである開城工業団地を訪れる。他の分野でも事態を改善する刺激になるよう願う。そしてこの訪朝は国連事務総長にとって、二十数年前のブトロス・ガリ氏以来になる」

ところが二〇日、北朝鮮は潘に「訪問許可の撤回」を伝える。理由の説明は、潘によると何もなかった。

五月に入り不穏な兆候はあった。北朝鮮が潜水艦発射弾道ミサイル（ＳＬＢＭ）を試験発射。一一年に死去した金正日の後継者金正恩が「近く実戦配備されれば敵は安心して眠れない」と語ったと報じられた。韓国は「深刻な挑戦」（朴）として安保理への提起を検討し、一八日の米韓外相会談でも協議されていた。

北朝鮮は潘に訪朝許可の撤回を伝えた二〇日、ＳＬＢＭ発射実験を「一大壮挙だ。自衛的な核抑止力をさらに強化する」とする声明も発表していた。潘は「たいへん遺憾だ」と肩を落とし、仁川から次の訪問地ハノイへ向かった。

潘は任期中に国連加盟一九三カ国のほとんどを訪れた。一五年には三月に仙台で開かれた国連防災世界会議など北朝鮮近隣へ出張するたび、電撃訪朝をめぐる噂が安保理に流れた。一一月には「今週に平壌を訪れ金正恩と会談の可能性」という報道も出たが、すべて実現しなかった。「中立」をめぐり議論を呼んだ事務総長でもあった。故郷の朝鮮半島に強くこだわった。一五年九月には北京での抗日戦争勝利七〇周年式典に「歴史を正視し、未来を期待する」として出席し、首相の安倍晋三から「国連は中立であるべきだ」と批判された。潘は国営中国中央テレビのインタビューに「国連は中立ではなく、公平公正だ」と語った。

一六年一一月三〇日、任期切れが迫る潘は、安保理の公式協議に特別に出席し、短い演説をした。五度目となった北朝鮮の核実験に対し、さらなる制裁をする決議が全会一致で採択された場だった。

潘は安保理にエールを送った。「北朝鮮の核兵器と弾道ミサイルは、現代の平和と安全にとって最も手強く切迫した挑戦の一つだ。今日示された団結を保つことが欠かせない」

そして、金正恩と母国の韓国にも向け、「平和で外交的な解決へ全力を傾けねばならない。イランの核計画に関する合意が示すように、意思があれば道は開ける」と語った。

世界が注視するもう一つの核問題であるイランの核開発疑惑は、潘が事務総長に内定した〇六年から安保理で議論されてきた。一五年七月に五常任理事国とドイツ、イランの交渉がまとまり、核開発の制限、軍事施設の査察、制裁の緩和で合意。安保理は制裁解除の決議を全会一致で採択していた。

潘は、自身の幼少時と重なる同胞の困窮に思いをはせながら締めくくった。

「特に老人と子どもが苦境にさらされ、自然災害が追い打ちをかけている。数百万人を救うために人道支援が欠かせない。北朝鮮の指導部は国際社会とともに、この重大な人権問題に取り組むべきだ」

第8章　「天安」沈没事件の衝撃

二〇一〇年

異例の会合

朝鮮戦争勃発から六〇年になる二〇一〇年六月、かつて戦火を交えた米国、中国、韓国、北朝鮮の国連大使らが集まり、安全保障理事会で異例の会合が始まろうとしていた。

朝鮮半島の西、韓国と北朝鮮で境界を争う黄海海域で三月、全長八八ｍの韓国軍哨戒艦「天安」が突然真っ二つに割れて沈み、四六人が死亡・行方不明になった。韓国は北朝鮮の攻撃によるものと訴え、北朝鮮は「でっち上げだ」と反発。安保理で関係国から話を聞く「非公式相互対話」が開かれることになった。

「国際の平和と安全の維持」に取り組む安保理だが、朝鮮半島での南北の軍事衝突はほとんど議論されない。国連軍が当事者となった五三年の朝鮮戦争休戦協定との関連で、違反が時折報告されるぐらいだ。拒否権で決議を封じることのできる常任理事国の中国が、事を大きくせず南北間で解決すべきだという立場を一貫してとっているからだ。

核・ミサイル問題を除く南北間の軍事衝突で安保理が決議や全会一致の議長声明を出したのは一九九六年が初めてだ。座礁した北朝鮮の潜水艦の乗組員が韓国に上陸し、韓国軍と銃撃戦になった事件での議長声明だった。それも中国の意向をふまえ、北朝鮮を名指しせず双方に自制を呼びかける穏当な中身になった。

だが、天安沈没事件への対処は容易ではなかった。韓国政府は米軍将官も参加した国際軍民合同調査団を立ち上げ、原因は北朝鮮の魚雷だとする調査結果を一〇年五月に発表。大統領の李明博は「軍事挑発だ」として独自の経済制裁を発動し、「安保理で責任を問う」と表明した。

北朝鮮の核問題では米オバマ政権が前年末に初の米朝協議に踏み出したが、この事件で強硬路線に転換。大統領オバマは同盟国韓国へのさらなる挑発を防ぐよう米軍に指示し、李の対応を全面的に支持した。国連大使ライスは安保理での協議に向け、韓国や日本、そして中国と調整に入った。

安保理に対し韓国は六月四日、「北朝鮮のさらなる挑発を抑えるための対応」を求める書簡を、調査結果報告書を添えて提出した。北朝鮮も八日、「安保理は北朝鮮の国防委員会の調査団を米韓が受け入れるようにすべきだ」との書簡を届け、そこで米国にも矛先を向けた。

「事件は米国の政治的、軍事的思惑による捏造だ。米国に嘘をつかれてイラク侵攻を許した事態を繰り返さないことが安保理の責務だ」。ブッシュ前政権が、北朝鮮とともに「悪の枢軸」

と呼んだイラクに大量破壊兵器があるとして〇三年に攻撃し、結局発見できなかったことをあげつらった。

事実の根幹をめぐる対立と、米国を巻き込んだ批判の応酬で、九六年の潜水艦侵入事件のように水面下の中韓交渉で安保理が結論を出せる見込みはなかった。北朝鮮総書記の金正日は、五月に北京で中国国家主席の胡錦濤と会談し、北朝鮮の非核化に関する六者協議について「参加国は推進のため努力すべきだ」とし、事を荒だてないよう求めた。

だが、核・ミサイルの開発を進めた北朝鮮は、九〇年代とは段違いの軍事力を手にしていた。朝鮮半島では北緯三八度線周辺をはさんで北朝鮮と米韓の計約一五〇万人の地上軍が対峙している。安保理はこの三カ国の確執を見過ごせなかった。そこで、韓国と北朝鮮の双方から話を聞くことにした。

韓国、北朝鮮とも当時は安保理メンバーではなかった。「非公式相互対話」は非公式協議と異なり、議題に関係の深い国なら一五理事国以外でも出席できる。〇八年以降、アフリカやスリランカでの紛争をめぐり開かれるようになったが、朝鮮半島の問題では初めてだった。開催された部屋も非公式協議とは別で、国連総会の下にあるテーマ別の各委員会で使われるうちの一室だった。

午後、「非公式相互対話」の第一部が始まった。韓国の代表団二八人が呼び込まれ、国連大使の朴仁国（パクイングク）が安保理一五理事国と席を囲む。韓国側のプレゼンが始まった。

手探りの「非公式相互対話」

二〇一〇年六月一四日、国連本部。韓国の朴が安全保障理事会の「非公式相互対話」に臨んだ。三月の韓国軍哨戒艦「天安」沈没事件について「科学的で公正な分析をした」と述べ、原因は北朝鮮の魚雷だと訴えるプレゼンを始めた。

米、英、豪、スウェーデンも参加した国際軍民調査団が五月に発表した結果を、パワーポイントや動画も使って示していく。

真っ二つに割れた船体、外から衝撃を受けた被害の跡、海中での爆発による衝撃波とバブル効果（泡が生む圧力）の影響、現場の海底から回収された爆発後の魚雷の部品、そこに記されたハングル文字――。

「調査団は明確な結論に達した。天安は船外の海中で起きた爆発により沈んだ。それは、北朝鮮の潜水艦から発射された魚雷によるものだ」と述べ、四〇分にわたる説明を終えた。

安保理メンバーの大使らが順に発言した。

フランスのアロウは「韓国は動かぬ証拠を示した。この戦争行為に安保理は素早く強く対応し、明確に北朝鮮を非難すべきだ」と強調。米国のスーザン・ライスも「圧倒的なプレゼンだ。安保理に持ち込む前に丹念な調査をした韓国の自制はすばらしい」と語った上で、「沈没の原因についてはあらゆる可能性を調べたか」と質問した。

調査団長の朴正二(パクジョンイ)は「考えられるすべての原因を挙げ、調査で一つ一つ除いていった」と答えた。座礁、船体の構造疲労、操船ミス、機雷、衝突、内部での爆発。それらを否定していって、たどり着いた結果が魚雷だった、というのだ。

そこでロシアのチュルキンが口を挟む。「第一部の韓国、第二部の北朝鮮への質問の場で、安保理メンバーは評価を述べることを慎むべきだ。事前にそう合意したはずだ」。これに中国の李保東(リバオドン)が同意した。

六月の議長国メキシコのヘラーが注意を促したが、次に発言したトルコのアパカンも「天安への攻撃は遺憾だ。安保理は強い行動を取るべきだ」と評価に言及した。ふだんの非公式協議と違い、めったに開かれない「非公式相互対話」は手探りだった。

日本の高須幸雄は、沈没の原因として機雷の可能性を改めて確認した。黄海で天安が沈没した現場は、南北の境界だと韓国側が主張し、北朝鮮は認めない北方限界線(NLL)のすぐ南だ。どちらかが機雷をまいていてもおかしくなかった。調査団長の朴正二は「機雷の可能性は調査の最終段階で除かれた」と明かした。

高須はさらに、北朝鮮の魚雷である根拠とされたスクリューのある推進部分の部品について、「爆発しても残るものなのか」と質問した。調査団の科学チームの責任者が、七mを超えるこの魚雷は「爆発する部分と推進部分の間に四mの緩衝帯があり、推進部分は爆発で三〇～四〇m後方へ押し戻されていた」と答えた。

英国のパラムもその部品にこだわった。「爆発後もなぜ「一番」のマークが残っているのか」。「一番」はハングル文字で魚雷内部にあった部品に書かれ、魚雷が北朝鮮製とされた理由の一つだった。

魚雷は、爆発後に引き揚げられるまで約五〇日間、海水にさらされていたことになる。科学チームの責任者は「緩衝帯と腐食防止塗料がマークを守った」と述べ、部品のさび具合から海中に一～二カ月あったとみられることと辻褄が合うと説明した。

オーストリアは、その魚雷を発射した潜水艦が北朝鮮のものだとなぜ言えるのかを問うた。調査報告書には「北朝鮮の潜水艦数隻が天安沈没の二、三日前に母港を離れ、二、三日後に戻った」とある。その部分について調査団に加わった米海軍少将コックスが説明した。

「潜水艦の追跡はきわめて難しいが、母港付近にいるかどうかを判断する方法はたくさんある。米海軍は西太平洋であらゆる潜水艦の動きをチェックしている。北朝鮮の二隻以外の潜水艦に、それぞれの母港を出て事件当時に現場につけるほどのスピードはない」

韓国大使の朴仁国は、北朝鮮が「調査結果を検証する」として自国の調査団を受け入れるように求めていることに反論した。「朝鮮戦争の休戦協定に基づく協議の枠組みがあるが、北朝鮮が応じない。一九九六年の北朝鮮潜水艦侵入事件ではその場で話し合い、北朝鮮は遺憾の意を示した」

北朝鮮の「反論」

一五分の休憩後、第二部が始まる。北朝鮮の国連大使申善虎(シンソンホ)が席に着き、八ページの紙を読みながら次々と反論を述べた。

「北朝鮮はこの事件の犠牲者だ。韓国の調査結果を断固否定する。使われたという魚雷は北朝鮮のものと一致しない。「一番」というハングル文字は韓国でも使われている。天安沈没に北朝鮮のいかなる潜水艦も関わっておらず、韓国軍に全責任がある」

そして、「韓国が北朝鮮の調査団を受け入れるよう、安保理は速やかに対応すべきだ。それをせずにこの問題を扱うなら、争いの当事者の一方に偏る立場を取ることになる」と求めた。

パラムが矢継ぎ早にただした。「真の犠牲者は天安の乗組員四六人と韓国国民だ。韓国が沈没させたと言うのなら動機は何なのか」「逆に韓国の調査団を北朝鮮に受け入れる考えはないか」「韓国は休戦協定の枠組みで話し合うべきだと言っている」

ライスも「魚雷が一致しないと言うなら、比べるために提供する気はあるか」と尋ねた。

申は「きわめて微妙な問題で答える立場にない」と繰り返す一方で、「魚雷が海底から本当に見つかったものか、北朝鮮には知るよしもない。調査団を現場に派遣したい」と訴えた。アロウが「証拠がほとんど回収された現場で何を探すのか」と聞いても、答えはなかった。

「なぜ北朝鮮が犠牲者だと思うのか」とライスが問うた。「犠牲者は犠牲者だ」と申は語った。

安保理と北朝鮮の対話は、すれ違いのまま終わった。

朝鮮有事に対する日米の警戒感

天安沈没事件をめぐる「非公式相互対話」は、第三部に入った。北朝鮮の魚雷が原因だとする韓国の主張を第一部で、否定する北朝鮮の主張を第二部で聞いたうえで、安保理はどう対応すべきかを一五理事国の大使らが話し合った。

英国のパラムが語った。「韓国のプレゼンテーションには圧倒的な説得力があったが、北朝鮮は信用するに足りない弁舌だった。安保理は地域への脅威となるこの問題に対応すべきだ。機微な状況は理解するが、罰を科さないことが安定を生むわけではない」

韓国は、国内外七四人の専門家からなる軍民合同調査団の調査結果を国連大使がパワーポイントも使って説明し、同席した調査団の主要メンバーが細かい質問に答えた。北朝鮮は国連大使が紙を読み上げ、質問にまともに答えず自説を繰り返した。差は歴然だった。

フランスのアロウはさらに辛辣だった。「北朝鮮は核兵器不拡散に関する国際社会の度重なる要求を無視してきた。政治的フーリガニズム(不法行為)だ。こうした国の脅しに屈してこの事件を放置してはいけない。安保理としてどのような形式、内容で対応するか協議を始めるべきだ」

だが、朝鮮半島から遠い英仏と違って、日本の高須は慎重な言い回しをした。「安保理が平壊に明白な対応を示すことは必要だが、さらなる挑発を引き起こさないよう扱うべきだ」

日本では発足九カ月になる民主党政権が揺れていた。天安沈没事件の調査結果を受け、首相の鳩山由紀夫は「韓国が安保理に決議を求めるなら日本は先頭を切って走るべきだ」と語ったが、米軍普天間基地の沖縄県内移設をこじらせたまま六月に退陣した。後任の菅直人は一一日の所信表明演説で、天安沈没事件に「国際社会としてしっかりと対処する必要がある」と語るにとどめていた。

米国のスーザン・ライスもバランスをとった。「重大な侵略行為で安保理の責任の核心に触れる。何が起きたかを示し、責任を明らかにすべきだ」と強調しつつ、「朝鮮半島の緊張を高めないことが必要だ」と述べた。ライスや国務長官ヒラリー・クリントンが中国の感触を探った上での発言だった。

天安沈没事件でオバマ政権は、韓国を全面支援する姿勢を示し、ブッシュ前政権末期に解除した北朝鮮への金融制裁やテロ支援国家指定の再検討に入っていた。

だが、五月下旬に北京で開かれた米中戦略・経済対話の場で、国務委員の戴秉国(タイピングオ)が、北朝鮮に厳しい対応をすることに慎重な姿勢を貫くと、クリントンも「中国ほど地域の平和と安定を懸念する国はない」と理解を示した。

米中戦略・経済対話は、中国を重視してオバマ政権で立ち上げた枠組みで、米国が悩む北朝鮮とイランの二つの核問題について中国の協力を得る場として存在感を増していた。台頭する中国と、同盟国韓国の間で揺れる米国の立場が、安保理でのライスの発言にも現れた。朝鮮戦争にさかのぼる根の深い南北間の問題で、最近の核実験や長距離弾道ミサイル発射と同じように北朝鮮批判を徹底すべきなのか。南北間の対決がエスカレートすれば、在韓米軍や在日米軍も対応を迫られる――。そんな警戒感が日米両大使の言葉ににじんだ。

その揺らぎを見透かすように、中ロは結論の先送りを図った。後に外務次官となる中国の李保東は語った。「この事件はきわめて複雑で敏感だ。韓国と北朝鮮の説明をふまえ、安保理は正しい位置取りを考えるべきだ。きょうメンバーが両国に示したような疑問が残らないようにするにはもっと時間が必要だ。結論に飛びつくのは懸命ではない」

ロシアのチュルキンも「きわめて火がつきやすい情勢だ。安保理の対応は詳細な情報に基づくべきで、偏見や性急は避けよう」と同調した。ロシアは韓国の要請で独自に専門家チームを六月七日までソウルに派遣しており、「調査結果を分析中だ。どちらかに責任があるとモスクワがいま判断するのは困難だ」と語った。

議長国メキシコのヘラーが、数時間に及ぶ安保理で異例の「非公式相互対話」を締めくくった。「この事件で安保理メンバーはまだ認識を共有できていない。引き続き議論する」

苦心の作

うやむやになった訳ではない。オバマ自身がこだわっていた。二五日から、カナダでG8

(主要八カ国)とG20(二〇カ国・地域)の首脳会議が控えていた。安保理の五常任理事国と日韓の首脳が揃う場だ。

日米はその前に安保理で決着させようと、メンバーでなかった韓国も加え、国連ビル近くの米国代表部などで中ロと連日交渉をしていた。「攻撃」として北朝鮮を名指しで非難するかどうか。形式は決議か、一段下の議長声明か——。詰め切れないまま、天安沈没事件はカナダでの首脳外交に持ち込まれた。

G8共同宣言では「事件の説明責任を追及する韓国を支持」したが、北朝鮮を名指しする非難はロシアがなおも「調査結果を分析中」と反対してできなかった。オバマや李明博は、胡錦濤との会談でも働きかけた。

G20終了後、オバマはトロントでの記者会見で「安保理での目下の焦点は、北朝鮮の戦争行為を一点の曇りもなく認めることだ」と強調し、こう語った。

「中国が北朝鮮と国境を接していることに同情する。甚大な影響を受けることになる崩壊を目にしたくないという安全保障上の関心がある。裏庭で起きている事件に慎重な姿勢を取ることは理解する」

「だが、慎重であることと、見て見ぬふりとは違う。天安沈没事件は平壌が一線を越えた例として真剣に語られるべきだ。胡主席がそう認めることを望む。さもなくば我々は北朝鮮と真剣な交渉ができない」

平行線のまま舞台はニューヨークに戻る。安保理は二度の非公式協議を経て七月九日、全会一致での議長声明にたどり着いた。

「韓国の国際軍民合同調査団が北朝鮮に責任があると指摘したことに深い懸念を示す。北朝鮮がこの事件に関係していないと主張したことに留意する。そして、安保理は天安を沈没させた攻撃を非難する」

韓国と北朝鮮の両国連大使の言い分を安保理で聞いてから一カ月近くが経っていた。議長声明は双方の主張を並べた上で、北朝鮮を名指しはしないが「攻撃を非難」するという苦心の作となった。

「非常に明快」(ライス)、「再発も防げる」(高須)と日米は評価し、韓国の朴仁国は高須に謝意を伝えた。だが、北朝鮮大使の申善虎は国連本部で記者団の前に現れて語った。

「安保理は正しい判断を得ることに失敗した。そもそも国連に持ち込まず、北朝鮮と韓国の二国間で解決されるべきだった」

第9章　延坪島砲撃事件

二〇一〇年

朝鮮戦争以来初の直接砲撃

朝鮮半島から南へ五〇〇km、東シナ海上空七〇〇〇mを飛ぶ米空軍の空中給油機KC135に、後から戦闘機F15が近づく。KC135から伸びた受け口に、F15が前へ伸ばした棒状の管が刺さる。一〇分ほどで給油を受け終えると、F15は青空の彼方へ消えた。

日米共同統合演習「キーン・ソード（鋭い剣）」。

二〇一〇年一二月九日、在日米軍は東シナ海での空中給油の取材を認め、報道陣をKC135に乗せた。沖縄県にある極東最大の米空軍基地・嘉手納を発つ前に、嘉手納基地を拠点とする第一八航空団司令官の大佐ネイハムは、「あらゆる状況に対し即応態勢にあるということをお見せしたい」と語った。

キーン・ソードは一九八六年以来恒例となっているが、こうした形で報道陣に見せるのは異例のことだ。さらに、一二月上旬の演習開始直前に、韓国軍のオブザーバー参加が決まった。一二月一日まで、米韓合同軍事演習で黄海にいた米空母ジョージ・ワシントンも参加し、戦闘攻撃機ＦＡ18の発着艦を報道陣に公開した。朝鮮半島で軍事的な緊張が急速に高まる中、北朝鮮に対する明らかな牽制だった。

半月前の一一月二三日、海上の境界と韓国が主張する北方限界線（ＮＬＬ）を越え、北朝鮮軍が、朝鮮半島から南へ約一七〇発の砲弾を発射した。十数km沖合いの大延坪島（テヨンピョンド）に八〇発が落ち、韓国軍海兵隊員二人が死亡、一六人が負傷、民間人二人が死亡、負傷者五二人が出た。亡くなった民間人二人は海兵隊官舎の建築工事中だった。現場で演習をしていた韓国軍は、砲弾八〇発を撃ち返した。

六〇年前に起きた朝鮮戦争以来、北朝鮮軍による韓国領土への直接砲撃も、両国の衝突で民間人の死者が出たのも、初めてのことだった。韓国大統領の李明博は二九日に国民向けの談話を発表。「北が軍事的冒険主義と核を捨てることには期待しがたいとわかった。今後の挑発には必ず応分の対価を払わせる」と怒りをあらわにした。

ただ、国連安全保障理事会の動きは鈍かった。何より、苦い経験のある韓国からの提起がなかった。韓国は三月の哨戒艦「天安」沈没事件で北朝鮮の魚雷によると主張し、安保理に対応を求めたが、全面否定する北朝鮮を刺激しかねないとして、中ロが慎重な態度に終始し、北朝鮮を名指しせずに「攻撃」を非難する議長声明にとどまっていた。

米韓両軍は、北朝鮮の砲撃から五日後の一一月二八日から一二月一日まで黄海で合同軍事演習を実施。米空母ジョージ・ワシントンの参加に北朝鮮は反発を強め、中国は双方に自制を求めた。ジョージ・ワシントンはその後の日米共同統合演習も終えて一四日に母港横須賀に戻ったが、朝鮮半島でにらみ合いが続いていた。そんな中、ニューヨークで、安保理が突如動き出した。

一二月半ば、日本の国連大使西田恒夫の携帯電話にロシア大使チュルキンから「すぐ会いたい」と連絡があった。西田は前任の駐カナダ大使から八月に着任。一九九三年にロシアの初代大統領エリツィンが訪日した際は、外務省で担当課長を務めるなど対ロ外交に通じており、チュルキンとは旧知の仲だった。

チュルキンは、ソ連崩壊から新生ロシアへと移行する激動期に外務省情報局長を務めた。〇六年に国連大使となったが、就任早々、北朝鮮の弾道ミサイル七発連射や初の核実験に巡り合わせた。安保理では、制裁決議を急ぐ米国大使ボルトンと渡り合うなど、練達の外交官ぶりを見せていた。

安保理の公式協議が開かれる議場のそばに、常任理事国だけが話し合いに使える部屋がある。西田がそこで会ったチュルキンは、いつになく真剣な顔で話し始めた。力が入ると、英語にロシア語が混じった。

「情報源は言えないが、朝鮮半島が一触即発だ。どちらがいい、悪いという話じゃない。国際社会が対応を誤ると、本当に火を噴く。そうなったら全員にとっておしまいだ」

大延坪島の周辺海域での、韓国軍の射撃訓練が迫っていた。一八～二一日の最も天気のいい時に一日だけ実施するとの発表に対し、北朝鮮軍は一七日に「演習をすれば、二撃、三撃で神聖な領海を守る」と警告していた。北朝鮮軍の「一撃」に韓国軍が応酬し、二五〇発の砲弾が飛び交った一一月と、場所も構図も同じだった。

西田が米国大使のスーザン・ライスに電話でチュルキンの話を伝えると「聞いていない」。しばらくすると電話が返った。「チュルキンと会ったが、事態はとても深刻だと言っていた。朝鮮半島の状況について関係当局にフィードバックを頼んでいる」

カギとなる中国の反応はどうか。西田は国連大使の李保東（リバオドン）と中国の国連代表部の一室で話した。李は「北朝鮮を追い込んではいけない。関係国は冷静に対応すべきだ」と、いつもの立場を繰り返すにとどまり、感触を得にくかった。

ロシアの情報力は侮れないが、チュルキンの危機感の根拠は一体何なのか――。西田は東京の外務省に最近の状況を聞いたが、わからない。もし朝鮮半島で戦争になれば、韓国にいる日本人をどう守るか、米軍を自衛隊がどう後方支援するかといった話になる。

「警戒はしておいた方がいい」と西田は外務省に伝えた。

一八日、チュルキンは安保理議長に書簡で緊急会合を求め、理由を「朝鮮半島での緊張のエスカレート」とだけ記した。この日、ロシア外相ラブロフは中国外相の楊潔篪（ヤンチエチー）と電話で連携を確認。楊は「半島情勢の緊張を高めるいかなる行動にも強く反対する。制御不能になる事態を避けねばならない」と述べた。

韓国軍は、大延坪島での訓練の開始を、天候を理由に一八、一九日と続けて見送っていた。朝鮮半島での軍事衝突を避けるために、安保理に何ができるのか。そしてそれは間に合うのか。

韓国の射撃訓練をめぐる緊急会合

大延坪島への北朝鮮軍の砲撃で四人が死亡、六八人が負傷した事件から約一カ月が経過した二〇一〇年一二月一九日。南北朝鮮が領海を争う大延坪島周辺で予定されている韓国の射撃訓練がさらなる危機を招きかねないとして、国連安全保障理事会は、非公式の緊急会合を開いた。

安保理は経緯について説明を聞くため、政治担当の国連事務次長パスコーを呼んだ。事務総長潘基文の特使として二月に訪朝もしたパスコーは、潘の言葉を借りながら厳しい現状を語った。

「南北関係を引き裂いた三月の韓国軍哨戒艦「天安」沈没から軍事的緊張が高まり、朝鮮戦争休戦以来で最悪の事件の一つ、一一月の大延坪島砲撃で先鋭化した。エスカレーションの可能性はきわめて高い」

「事務総長は、このような危機にあっては声を荒らげず、脅しを避け、平和的な外交と対話で解決することがより重要だと考えている。関係国に求められれば、いかなる支援もする覚悟だ」

一二月の議長国米国のスーザン・ライスの進行で、一五理事国の大使らが一巡目の発言に入る。最初は緊急会合開催を求めたロシアのチュルキンだ。強い警告を交えて語った。

「戦闘が起きれば数千人が命を失い、この数十年に世界が目にしなかった悲劇の引き金となりかねない。危機は北朝鮮と国境を接するロシアに直接関わる。双方に抑制を求めるメッセージを送るべきだ」

チュルキンは事前に各国に示した議長声明案に言及した。「朝鮮半島の危険な情勢を悪化させないため、関係国に最大限の自制を求める。事務総長は両国に特使の派遣を」という内容だった。「韓国の訓練に圧力はかけたくない」と説明されたが、「最大限の自制」には、韓国に訓練を延期させる狙いがにじんでいた。

中国次席大使の王民(ワンミン)も同調した。「流血の紛争になることがとても心配だ。地域の平和と安定を揺るがし、両国民の悲劇を生む」。そして、「安保理は過去にとらわれるべきでない。どちらを責めてもエスカレーションにつながる」と述べ、北朝鮮による前月の大延坪島砲撃を蒸し返さないよう牽制した。

だが、米国は譲れなかった。全会一致が必要な議長声明のロシア案には北朝鮮への非難がないことに、ライスが反発した。

「安保理はすでに二度、北朝鮮を非難し損なっている。天安沈没と大延坪島への砲撃の際だ。今回非難しておかなければ平壌はつけあがり、さらなる挑発行為に出る」

韓国軍の射撃訓練は「通常のもので、まったく北朝鮮への脅威にならない」と強調。「朝鮮半島の問題では、どの安保理メンバーにも譲れない。韓国には米国の国益がかかっている。二万数千人の兵士と一万人の民間人がいるからだ」

割れる理事国

日本も米国と同じ立場だった。西田恒夫は「北朝鮮と韓国を同等に扱ういかなる声明も受け入れられない。安保理は平壌を批判して、初めて両者に自制を求められる」と語った。

大延坪島砲撃が起きた一一月に安保理議長を務めた英国の大使パラムは、「天安沈没と大延坪島砲撃で明確なメッセージを出せていれば、安保理はこんな苦境になかった。宥和は事態を悪化させるだけだ」と、北朝鮮をかばう中国を遠回しに批判した。フランスの大使アロウも「韓国が犠牲者、北朝鮮が攻撃者だ」と強調した。

安保理が北朝鮮だけに厳しい姿勢を示すことが、朝鮮半島でエスカレーションを促すのか、それとも抑えるのか。五常任理事国と日本は割れた。

米英は「ウラン濃縮施設の問題も安保理決議違反として議論すべきだ」とも主張した。前月一二日に北朝鮮の核関連施設が集まる寧辺を訪れた米国の専門家は、核兵器の原料となる濃縮ウランを作る新施設を見せられていた。それまで二度の核実験に対して決議を重ねても、無視し続ける北朝鮮の姿勢も、安保理をいらだたせていた。

急な会合にもかかわらず、また、通常は北朝鮮問題では静かなアジア以外の非常任理事国も、積極的に発言した。

オーストリアやボスニア・ヘルツェゴビナ、ガボン、レバノンは、天安沈没、大延坪島砲撃、ウラン濃縮施設のすべてについて議論すべきだという立場を示した。トルコのアパカンは「危機を起こしたのは誰なのかを特定することで、議長声明は信頼に足るものになる」と語った。

中ロ寄りの発言もあった。メキシコとナイジェリアは「優先すべきは地域の平和と安定の維持だ。安保理が一体で取り組めるよう妥協すべきだ」と述べ、ウガンダは「韓国の射撃訓練は通常のものとは言いがたい」とも指摘した。

ロシア案で言及された国連事務総長との協力も議論された。ブラジルとレバノン、トルコが「事務総長の声明を支持するという議長声明ではどうか」という案を示した。潘は大延坪島砲撃の当日、「攻撃を非難し、抑制と対話を求める」という声明を出していた。しかし、議長のライスは「安保理が事務総長の口を借りるのは変だ」と応じなかった。

それでも非常任理事国からは事務総長に期待する声が続いた。「潘が斡旋に前向きなのは歓迎すべきだ」(オーストリア)、「まさに朝鮮半島で国連が予防外交に乗り出す時だ」(ウガンダ)——。

冷戦構造が残る朝鮮半島の問題では、常任理事国同士の対立で安保理が容易に動けないことを見越していたのだ。

「明日にも戦争が起きる」

各国大使らの発言は二巡目に入った。

前月にあった北朝鮮軍の大延坪島砲撃と韓国軍の反撃は一日で収まったが、今回は訳が違う――。緊急召集を求めたロシアのチュルキンは、そんな切迫感をみなぎらせ、双方に自制を求める安保理議長声明の採択を求めた。

「数時間のうちにも始まる紛争を防がないのか。明白な緊張の高まりを拡散する外交努力を急ぐべきなのに、いまさら大延坪島砲撃を議論しようという発言が数カ国からあったことは驚きだ」

日本の西田が、ロシアの議長声明案にある「緊急の事案」に際して韓国と北朝鮮へ国連事務総長潘基文の特使を派遣することについて、「安保理が扱う核の問題も話すのか」とただした。潘は一七日の記者会見で、北朝鮮が核実験の原料となる濃縮ウランを作る新施設の存在を明かしたことを批判する一方で、総書記金正日との会談に意欲を示していた。

「特使派遣は時期尚早で、安保理として無責任だ」

事務総長に丸投げすべきでないと言う西田に、チュルキンが反発した。

「安保理が何もしない方が無責任だ。外交努力といえば今テレビが流しているショーぐらいしかないじゃないか」。北朝鮮に独自のパイプを持つ米ニューメキシコ州知事リチャードソンが招待され、一六日から平壌を訪れていた。

「日本の近くで訓練が始まるんだぞ。今日安保理議長声明に合意しなければ、明日にも戦争が起きる」

チュルキンの発言の異様な強さに、国連事務局は独自のルートで事態の確認を試みていた。「明日にも戦争が起きる」なら、韓国政府は国民保護に備え、在日米軍も動く。しかし、そうした情報は入らなかった。

それを日韓の同盟国である米国が知らないはずがない。「もし明日何か起きたら特使は間に合わないじゃないの」「安保理が事務総長に斡旋を頼む必要はない」

ライスの言葉が冷ややかに響く。妥協してまで対応を急ぐような事態に、本当になっているのか。安保理の駆け引きは米ロの情報戦の様相も呈していた。

中国の王民は「韓国、北朝鮮とこの危機の平和的な解決を探っている」と外交努力を強調した。大延坪島砲撃の後、副首相級の国務委員戴秉国（タイビングオ）が両国を訪れ、李明博、金正日の両首脳と会談していた。韓国軍の射撃訓練が迫ると、外務次官の張志軍（チャンチーチュン）が南北両国の駐中国大使を呼び、「民族に悲劇をもたらす」と同胞の絆に訴えていた。

朝鮮半島の隣国の代表として、王は理解を求めた。「二つのコリアにはそれぞれのストーリーがある。善悪の判断は難しい。中国は誰も責めたくない。この地域での事態は慎重に扱うべきだ。安保理には緊張緩和という観点からシンプルな解決法を考えてほしい」

中国が議長国を務め、韓国、北朝鮮と米日ロが参加する六者協議は、この二年間開かれておらず、再開への調整は大延坪島砲撃やウラン濃縮の問題で難航していた。王は「六者協議が提案されても実現しない中では、他の外交手段の活用が必要だ」とすら述べ、事務総長の特使派遣に期待を示した。

薄れた切迫感

緊急会合が始まって数時間、ようやく安保理議長声明の内容の詰めに入った。大延坪島砲撃について北朝鮮を名指しで非難するかどうかで、議論が続く。

「北朝鮮を責めなければさらなる脅威へとつけあがる」「危険な犯罪者だ。民間人への砲撃は全く正当化できない」と英仏が譲らない姿勢を見せた後、ライスが大延坪島での交戦に関する「国連軍の特別調査報告書」を各国大使らに配った。

米国中心の国連軍と中朝が戦った朝鮮戦争は、一九五三年から「休戦状態」にある。国連軍司令部はまだ韓国に置かれており、司令官を在韓米軍司令官が兼ねている。報告書は交戦の経過を分単位の時系列で示し、「北朝鮮軍の攻撃は朝鮮半島休戦協定への重大な違反」「韓国軍の反撃は自衛権として正当」と指摘していた。

ライスは「緊張の高まりの原因を特定しないで抽象的に遺憾の意を示しても不十分だ」と述べ、議長声明のロシア案の修正を提案し、その冒頭に、英国案には示されている、大延坪島砲撃について北朝鮮を非難する部分を入れるよう求めた。

ライスの提案をめぐって、「中国は考え直すべきだ」「日本は考え直すべきだ」と日中の両大使がやり合った。短い休憩の後、ロシアが修正案を示した。「二〇一〇年一一月二三日の砲撃を非難する」と明記するものだ。ただし、「北朝鮮」や「大延坪島」の文字はなかった。

休憩中にチュルキンと話した王は、「中国は安保理の一体性を保つため妥協案に賛成する。善悪の判断を通過する必要はない」と語った。チュルキンは「ようやく合意に近づいたようだ」と表情を緩めた。

だが、ライスが「また事実をあいまいにしようとしている」とはねつけた。

「三月の韓国軍哨戒艦「天安」沈没と一一月の大延坪島砲撃で、安保理は北朝鮮を明確に非難しなかった。その失敗が朝鮮半島の緊張をエスカレートさせたのだ。なぜ今回の明白な攻撃を非難できないのか。砲撃の場所すら示せない声明を受け入れるのは難しい」

他国の大使らがロシアの修正案を本国と相談するため、また短い休憩に入った。再開後、チュルキンは「休憩中の努力は不調だった」と述べ、修正箇所以外にも、各国からいろいろ注文がついたと語る。「戦闘が起きれば数千人が死ぬ」と警告して「関係国に最大限の自制を求める」という議長声明を求めたしばらく前の切迫感は、明らかに薄れていた。

南北の国連大使の言い分

ソウルはその頃、二〇日の午前中だった。韓国軍合同参謀本部が、同日中に大延坪島周辺海域で射撃訓練を行うと発表した。

双方に自制を求めようと国連安全保障理事会で議論が続くニューヨークは一九日夕方だ。前月に大延坪島を砲撃し危機の発端を作った北朝鮮を、議長声明の中で、名指しで非難するかどうかをめぐり、一五理事国の国連大使らはなお割れていた。

非難の対象を「一一月の砲撃」とだけ書くロシアの修正案に、中国は支持、米国は不支持を表明した。ところが他国の反応も出揃った段階になって、中国の王民が「北京からまだ指示がない」と言い出した。

チュルキンが、中国の返事を待つ間に、韓国と北朝鮮の言い分を聞いてはどうかと提案した。ライスが応じ、両国の国連大使が非公式協議の部屋へ呼び込まれた。

一五理事国の大使らは両大使を前に、検討中の議長声明について各国の立場を改めて述べた。日米英仏、トルコ、オーストリアは、北朝鮮の大延坪島砲撃への非難を明記すべきだと主張した。一方、中ロは韓国と北朝鮮の双方に自制を求めるべきだとした。

まず韓国の朴仁国(パクイングク)が、砲撃を批判した。

「国連憲章、一九五三年の朝鮮戦争休戦協定、九一年の南北基本合意書への明白な違反だ。安保理が強い非難を表明する明確なメッセージによってのみ、シェルターの中で罰せられずに無謀な振る舞いを続ける北朝鮮を抑止できる」

そして、大延坪島周辺での韓国軍の射撃訓練について強調した。「間もなく始まるだろう。休戦協定に従って数十年にわたり定期的に行ってきた、自衛のための正当な演習だ」

次に北朝鮮の申善虎(シンソンホ)が、この射撃訓練を批判した。「大延坪島に大量の打撃装備が配備され、朝鮮半島の緊張を高め、制御不能の事態をもたらす。韓国の究極の意図は違法な北方限界線(NLL)を守ることだ」

朝鮮戦争休戦時に、韓国と北朝鮮の海上の境界について合意が成立せず、国連軍が一方的に決めたのがNLLだ。大延坪島はそのすぐ南にある。

「恥知らずに他人の庭で線を引き、自分のものだと言って守ろうとすることを許す人間は世界中のどこにもいない。韓国が演習をすれば、自衛の二撃、三撃で応じて神聖な領海を守る。戦争は世界へ広がる」

朴が反論する。「NLLの南で韓国は実効支配を半世紀以上続けている。南北基本合意書で軍事境界線として確認されたはずだ」

申は、〇七年の南北首脳会談でNLL付近での経済協力に合意したことを持ち出し、「それを南の新たな指導者が拒んで、すべては白紙に戻った」と主張した。大統領李明博の強硬路線を批判し、「韓国の領海は広いのに、なぜ北朝鮮の領海に入り込んだこの島で演習をするのか」と語った。

二人が退席し、議長声明の扱いについて協議が再開された。第二次世界大戦後の朝鮮半島分断以来交わらない両国の主張も目の当たりにして、会議室の空気はよどんでいた。「まだ北京の指示を待っている」と中国の王が話した。

議長のライスが「八時間以上議論したが、合意の土台ができない」と延会を求めた。この緊急会合を求めたチュルキンも「数分で結論を出す話ではない」と応じた。話を聞こうと外で待っていた報道陣に囲まれながら、大使らは日曜夜の国連本部を後にした。

緊急会合のとけない謎

二〇日に韓国軍は大延坪島で射撃訓練を実施。北朝鮮軍は動かず、「卑劣な軍事挑発に対応する一顧の価値も感じなかった」と表明した。ライスは議長声明について「押し問答を続けても生産的でない」と断念する考えを記者団に示し、中国の王は「昨日の協議はとても重要だった。中国は今後も南北に強く自制を求める」との談話を出した。

この安保理緊急会合は、二〇一七年の現在も、国連関係者の間では謎として記憶されている。北朝鮮の挑発に対し日米が対応を求める形ではなく、韓国の動きについてロシアが提起するという異例のケースであり、中ロのやり取りがブラックボックスのまま、事態が収束したからだ。

王はチュルキンが示した議長声明の妥協案に支持を表明しながら、なぜ一転して「北京の指示がない」と言い続けたのか。開始寸前だった韓国軍の訓練に北朝鮮が反応しないよう、中国がぎりぎりまで説得するための時間稼ぎだったのかもしれない。

軍事パレード観閲を終え，拍手する金正恩（右）と退席する金正日総書記（2010年10月10日，平壌，共同）

そもそも、緊急会合を求めたチュルキンの狙いは何だったのか。「明日にも戦争が起きる」と議長声明を迫りながら、結局先送りに応じた。実は会合の五日前には、ロシアと北朝鮮の外相会談があった。議長声明で韓国軍に訓練をやめさせようという話になっていたが止められず、緊急会合中に諦めた可能性もある。

日本の国連大使西田はこう考えた。北朝鮮問題で米中に比べほとんど出番のないロシアが、安保理で存在感を保とうとあえて突拍子もないことを言ったのではないか。ロシア外交は時々そんな高等戦術をする——。

チュルキンは二〇一七年二月に亡くなるまで、一一年間にわたってロシアの国連大使を務めた。ロシア外務省は執務中の急死と発表したが死因は出さず、心臓発作の可能性が報じられた。あの緊急会合の前、「朝鮮半島は一触即発だ」と西田に真顔で訴えた裏を明かすことはなかったが、今も西田に違和感はない。「情報の世界はそういうもの。ロシアは軍事、外交だけでなく情報、諜報を駆使する」

当時、権力移行期の北朝鮮を各国が警戒していたことは確かだ。二〇一〇年末に韓国政府の情報機関系研究所が出した報告書は、北朝鮮の後継者に対し忠誠を競う軍内部での争いによって、軍事挑発の可能性が高まると指摘していた。その年の九月、総書記金正日の三男である金正恩が、朝鮮労働党代表者会に登場して以来、式典などで父と同席する姿を北朝鮮メディアがよく伝えるようになっていた。

第10章　新指導者金正恩とオバマ

二〇一一～一三年

理事国大使とオバマとの対話

ホワイトハウスに大きなツリーが飾られていた。二〇一〇年一二月一三日午前、クリスマスムード一色のワシントンを国連安全保障理事会の一五理事国の大使らが訪れた。米大統領オバマが現れ、意見交換が始まった。

オバマが安保理に期待する役割としてまず語ったのは、スーダン和平支援だった。一九五六年の独立当時から南北間で断続的に続いた内戦の末に、〇五年に和平合意が結ばれ、米国が支援してきた南部の独立を問う住民投票が来月に迫っていた。投票の結果独立した南スーダンでの国連平和維持活動(ＰＫＯ)には、後に自衛隊が派遣されることになる。

次にオバマは「私の外交の最優先は核の拡散を止めることだ」と言い、イランの核開発疑惑について語り始めた。一二月に入り、イランは核兵器に使える濃縮ウランの原料製造に成功したと発表していた。将来の原発燃料にするという主張だったが、核兵器への利用を危ぶんだ五常任理事国にドイツを加えた六カ国とイランの協議が続いていた。

しかし、オバマの口からは「北朝鮮」という言葉が出てこなかった。

北朝鮮は〇六年、〇九年と核実験を重ね、一〇年一一月にはウラン濃縮施設を公開し、稼働を表明していた。イラン同様に原子力発電用だとの主張だ。また、朝鮮半島ではスーダン同様に五〇年代から南北間の確執が続き、一〇年三月の韓国軍哨戒艦「天安」沈没事件、一一月の北朝鮮軍による韓国・大延坪島砲撃事件で、緊張が一気に高まった。

オバマの話を、イランや北朝鮮への制裁に慎重なロシアと中国の大使らも聞いている。日本大使の西田恒夫が手を挙げた。「大統領の核不拡散への努力に感銘を受けている。ところで、イランと並んで北朝鮮も重要ですよね」と尋ねた。「Exactly(その通りだ)」とだけ返ってきた。

国際社会、特に五常任理事国にとって、核問題と言えば一番がイラン、二番がなくて、三番は日本がそこまで言うなら北朝鮮。それが西田の肌感覚だった。西田は外務省で次官級の外務審議官当時、〇六年に始まったイランと六カ国の協議の場へ、その部屋に入れなくても出張した。核問題で日本の存在感を示すことで、北朝鮮について発言権を強めたいという思いからだ。

西田が食い下がったからか、ホワイトハウスは、オバマと理事国大使との意見交換について、こう発表した。「大統領は、不拡散の義務を果たさない北朝鮮とイランに責任をとらせるため強い対応を重ねてきた安保理の支援が引き続き重要だと強調した」

だが、西田は、依然として変わらない北朝鮮をめぐる温度差を感じていた。

一一年秋、西田はニューヨークで再びオバマと言葉を交わす機会を得た。歴代大統領が愛用する高級ホテル、ウォルドルフ・アストリア。目立たぬよう裏口から入り、貴賓室へ向かう。米国の国連大使スーザン・ライスの計らいで会えたオバマは、「私の外交の最優先は核の拡散を止めることだ」と繰り返した。そして、「イランと北朝鮮だ」と語った。

北朝鮮の株が上がったな、と西田は感じた。

オバマ政権で、北朝鮮のウラン濃縮をめぐる動きに危機感が強まっていた。衛星などによる核兵器の原料製造の監視は、大型の原子炉が必要なプルトニウムに比べ、地下工場でも作れる濃縮ウランに対しては困難だからだ。

しかも米中間の対話が途絶えていた。米中ロ日韓との六者協議は、プルトニウム関連で非核化の検証方法を詰めようとした〇八年一二月を最後に止まっていた。米朝協議は〇九年一二月にオバマ政権では初めて開かれたが、一〇年の韓国軍哨戒艦「天安」沈没事件でオバマが北朝鮮を強く非難したことで、動かなくなっていた。

金正日の死

二〇一一年に入ると、五月に北朝鮮総書記の金正日が北京で国家主席胡錦濤と会談し、六者協議の早期再開を目指すことで一致。七月に米朝協議がニューヨークで再開した後、六者協議再開前にウラン濃縮中止を求める米国と、拒む北朝鮮の間で、つば競り合いが続いていた。

金正日の健康不安説が流れる中、北朝鮮メディアには、後継者となる二〇代後半の金正恩の露出が増えていた。オバマが西田に「イランと北朝鮮だ」と語ったのは、そんな頃だ。

二〇一一年一二月一七日、金正日が六九歳で急死する。一九日に朝鮮中央通信が、心臓と脳血管の治療を長く受けてきたが、精神的、肉体的な過労により現地視察に向かう列車の中で倒れたと伝え、「偉大な継承者である金正恩同志がいらっしゃる」と宣言した。

一九日、米大統領報道官カーニーは、「新指導部が非核化を含め北朝鮮の人々のため、よりよい未来へ進んでほしい」とコメントした。そして、食糧支援をめぐって継続中だった米朝協議が加速した。明けた二〇一二年二月の北京での会合で、北朝鮮が、ウラン濃縮と核実験、長距離ミサイル発射を一時停止する一方、米国は食糧二四万トンを提供した上で、増量も視野に入れて協議を続ける合意にこぎつけた。

ところが北朝鮮は三月一六日、金正恩が正式に指導者の座に就く四月中旬の「衛星打ち上げ」を表明した。事実上の長距離弾道ミサイル発射予告だった。

オバマにとっては強い既視感を覚える事態だった。三年前の大統領就任後早々のこと、北朝鮮は「衛星打ち上げ」を約一カ月前に予告。オバマは中止を求めたが、長距離弾道ミサイルが発射され、二度目の核実験が続いたのだ。

三月二六日、韓国大統領府(青瓦台)での米韓首脳会談の後、李明博と共に記者会見したオバマは、北朝鮮がミサイルを発射すれば、食糧支援は「困難になる」と述べ、こう強調した。

「北朝鮮は何十年もの間、挑発をして、やめれば賄賂をもらえるという考えでやってきた。李氏と私はそのパターンを打ち破ろうと、ともに大統領になった時から合意している」

だが、二月の米朝合意はまさにそのパターンだった。オバマは、質問で金正恩の印象を問われると、「難しい。北朝鮮はまだ不安定で、誰が仕切るのか、将来何を目指すのかよくわからない」と言葉を濁した。

相手国の首脳の印象を重視しがちな米国の外交は、時に大きくぶれることがある。オバマは二月の米朝合意では前のめりだったが、まだ金正恩への対応を迷っている――。西田の経験がそう告げた。

戦略的忍耐

ワシントンからフロリダへ向かう米大統領専用機エアフォース・ワンの機中。オバマの副補佐官ローズに、同行する記者団から質問が飛んだ。

「北朝鮮がロケットを発射した。大統領の関与政策は失敗したということか」

二〇一二年四月一三日、北朝鮮は「衛星打ち上げ」を予告していた期間内に、長距離弾道ミサイル・テポドン2改良型を発射した。フィリピン東方沖まで飛ぶ予定が、韓国西方沖の黄海に落ちた。打ち上げは失敗だったが、ローズへの質問は厳しかった。

先立つ二月の米朝協議で、北朝鮮は核開発と長距離ミサイル発射を一時停止し、米国は食糧支援をすることで合意していた。発射の二日前には、金正恩が朝鮮労働党の第一書記に就任。急死した父・金正日の後を正式に継ぎ、本格的な権力基盤固めに入っていた。

誕生したばかりの北朝鮮新体制とどう向き合うのかがオバマ政権に問われていた。ミサイル発射で早々に裏切られたのか？　ローズは「まったく違う」と言い、続けた。

「この政権は、北朝鮮の挑発に対して報酬を与えるというサイクルを壊してきた。前政権では挑発が続く中でテロ支援国家の指定が解除されてしまったが、この政権では北朝鮮にいかなる支援もしていない」

オバマ政権の対北朝鮮政策の根幹に関わる問題だった。

外交の舵を取る国務長官はヒラリー・クリントンだ。元大統領のファースト・レディであり、上院議員も務め、知名度の高さを武器に〇八年の大統領選に出馬。民主党候補の座を争う予備選でオバマに敗れたが、政権に入り、その言動が注目されていた。

クリントンは外交方針として「戦略的忍耐」を掲げた。困難な課題に米国だけで直接ぶつかるよりも、様々な手段を使い、他国と連携して戦略的に取り組む。それは間接的な手法だけに、成果を得るまで忍耐が必要になる――。そんな考え方を、講演やテレビ番組への出演で繰り返した。

〇九年一二月にオバマ政権で初の米朝協議が平壌で開かれた後、北朝鮮政策担当の元駐韓大使ボズワースは、六者協議の他の参加国へ説明に回り、「クリントン長官の言う戦略的忍耐を実行する」と東京で記者団に語った。

その後、「天安」沈没事件を機に、北朝鮮と韓国の間で軍事的緊張が高まったことで米朝協議は中断したが、北朝鮮が核開発をやめない中で一一年七月に再開。一二年二月の合意で「報酬を与えるサイクル」に踏み込んだ米国の姿勢に、日韓では不安の声が出ていた。

苦しい説明

大統領専用機の機中で、ローズは記者団に対し「食糧支援はしない。貧しい人々を人質にしてミサイルに資源をつぎ込む政府を信用できない」と強調した。結果的に報酬は与えなかったという、苦しい説明だった。

三月の長距離弾道ミサイル発射予告にオバマ政権が揺れる中で、西田は、発射後の安保理協議をにらんで動き出していた。

核実験と違い、北朝鮮が「衛星打ち上げは宇宙の平和利用」と主張する長距離弾道ミサイル発射に関しては、安保理でも判断が揺れてきた。〇六年は非難決議、〇九年はその下の議長声明、さかのぼって、日本を初めて「テポドン・ショック」が襲った一九九八年は、さらに下の報道向け談話にとどまっていた。

非常任理事国の任期は二年だ。二〇一二年には、日韓とも理事国から外れていた。その年の四月、議長国は米国だった。まだ北東アジア情勢に精通したとは言えない大使のスーザン・ライスに対し、西田は韓国大使の金塾（キムスク）と協力して、「日米韓の三位一体で対応を」と求めていた。四月一三日に、北朝鮮の予告通りミサイルが発射されると、金は議長ライスに韓国政府声明を添えた書簡を提出。「北朝鮮は、人々が食糧不足に見舞われているにもかかわらず、莫大な資源を核・ミサイル開発に費やしている」と、米国と趣旨を同じくする指摘を盛り込んだ。また、西田は緊急会合の開催を求めた。

中国大使の李保東は緊急会合前に、「関係者すべてが冷静さを保つべきだ」と記者団に述べた。中国は、北朝鮮を刺激すまいとしてミサイル問題ではいつも「過剰反応」を戒めるのが常だ。米日韓が中国とぶつかることは、今回も必至だった。ライス、西田、金は、中国への対応も含め、米国の国連代表部で相談していた。

安保理の意思表示で一番強い決議を求めた西田に、ライスは「李が席を立ってしまう」と渋った。前回の〇九年の対応では、決議にこだわる日本を横目にライスが中国と協議し、一段下の議長声明で妥協していた。中国と表でケンカせず、裏で協力して北朝鮮の態度を変えさせる。それもオバマ政権の「戦略的忍耐」だと西田は感じていた。

今回は打ち上げが失敗だったこともあり、合意形成でもめれば「批判のモメンタム（勢い）がそがれる」という懸念もあった。形式も内容も〇九年の議長声明を「最低ライン」として、李を相手に、内容をできるだけ強める交渉をライスに任せた。

にじむ中国の苦悩

緊急会合では、今回の発射が、北朝鮮の過去二度の核実験を受けて、弾道ミサイル発射を禁じた二本の安保理決議に違反していることは既に確認できていた。李がライスに「北京から、形式が議長声明なら、内容である程度対応していいと言ってきた」と伝えると、協議は一気に進んだ。

発射から三日後の四月一六日、全会一致で議長声明を採択。弾道ミサイル発射を安保理決議「違反」とする英語表記は、〇九年の議長声明では中国が表現を弱めたいとして「contravention」となっていたが、今回は明確に「violation」と記された。

〇六年と〇九年には、弾道ミサイル発射後に核実験が続いた。今回の議長声明では、北朝鮮に「次」を戒め、「安保理は、さらなる発射や核実験には相応の行動をとる決意を示した」と記した。

一九日、北朝鮮大使の申善虎は、議長のライスあてに抗議の書簡を出す。添えられた外務省声明は「衛星打ち上げのような最先端技術の独占に余念がない国々の二重基準だ」「米国が議長の地位を乱用し敵対行為の陣頭指揮を執った」と議長声明を批判していた。

そして、「もはや朝米の二月合意には縛られない。北朝鮮が平和目的の衛星打ち上げ計画を表明するや否や、合意していた食糧支援を米国が止めたのだ」とし、「平和は大事だが、国家の尊厳と主権がさらに大事だ」と結んでいた。

「戦略的忍耐」からの逸脱とも言えた米朝の二月合意は消え、オバマ政権は、北朝鮮が核問題で前向きに動かない限りは対話をしないという方向へと「戦略的忍耐」を強める。米朝協議の先に中国が期待していた六者協議再開も遠のいた。

日米韓でたたき台を作り、米中でまとめた二〇一二年四月の議長声明は、安保理の結束を示した。しかし、解決は見えなかった。

「いくら中国が訴えても対話がまったく動かない」。李が西田にもらし始めた不満に、北朝鮮の新たな指導者、二〇代後半の金正恩の扱いに腐心する中国の苦悩がにじんだ。

ミサイル発射実験再び

二〇一二年一二月一二日、沖縄県庁五階の防災危機管理課。午前九時五〇分すぎ、全国瞬時警報システム「Jアラート」のアラーム音が響いた。騒然とする課内に、内閣官房から消防庁を経た情報で放送が流れた。「先ほどミサイルが発射された模様です」

北朝鮮は「衛星打ち上げ」と主張して長距離弾道ミサイル・テポドン2改良型を発射した。失敗だった四月の発射と同様、沖縄上空を通ってフィリピン東方沖に落ちると予告していたが、今回は成功した。推定射程は米西海岸に届く一万㎞だった。

国連安全保障理事会で対応をめぐる非公式の協議が始まった。一二日の緊急会合では、新指導者の第一書記金正恩に振り回されるいらだちを米中があらわにした。

米国大使ライスは、「先月に大統領が和解の姿勢を示したばかりだ。それが特に許せない」と語った。一一月の大統領選に勝利して二期目に向かうオバマは、再選後初の外遊で訪れたミャンマーで、金正恩に向けて重いメッセージを発していた。

ヤンゴン大学での一一月一九日の講演で、こう語った。「この地からアジアの国々に伝えたい。過去の監獄に閉じ込められる必要はない。未来を向こう。北朝鮮の指導者が核兵器を捨てて平和と進歩の道を選べば、米国は手を差し伸べるだろう」

米国はミャンマーの軍事政権に経済制裁を続けてきたが、オバマ政権が対話を通じて民主化を促し、制裁を段階的に解いていた。その地を米大統領として初めて訪れ、大統領テインセインや民主化を率いたアウンサンスーチーと会談した上で、北朝鮮にもこれに続くよう促したのだ。

この東南アジア外遊は、二期目のオバマ政権が戦略の柱として掲げる、アジア太平洋を重視する「リバランス」の象徴でもあった。国家安全保障担当の大統領補佐官ドニロンは、外遊に先立つ一五日のワシントンでの講演で「リバランス」の語を一〇回以上繰り返し、ミャンマー訪問の意義についても「その政府が正しい選択をすれば、米国は信頼できる仲間であることを示すものだ」と強調していた。

オバマ側近のライスの批判は、政権が一期目に「手を差し伸べ」た米朝合意を無にすることとなった四月のテポドン2改良型発射にも及んだ。ライスは「北朝鮮のミサイル技術の発展が米国にも直接の脅威となる」と述べ、四月の議長声明をテコに「強い決議」を求めた。西田と練った発言だった。

李保東も北朝鮮に強い不満を示した。発射予告は、一一月に発足した習近平指導部の訪朝団が金正恩と会って、友好関係堅持を確認した直後になされた。中国外務省は「北朝鮮に宇宙の平和利用の権利はあるが、安保理決議には従うべきだ」と表明していた。李は「北京からは平壌に発射前には賛同しかねると伝え、発射後に遺憾の意を示した」と語った。

尖閣問題の影

そこからライスとの激論が始まった。二期目に向かうオバマ政権と、始動したばかりの習政権の国益がぶつかったのだ。

李は「朝鮮半島の情勢はきわめて危うく、安保理の対応は決定的な影響を与える」と述べた。北朝鮮は〇六年と〇九年、「衛星打ち上げ」に対する制裁決議はおかしいと反発しては核実験を重ねた。「慎重さとバランスが必要だ。圧力と制裁は事態を悪化させるだけだ」。李はライスの求める決議には応じられないと述べ、「四月と同様にすべきだ」と一段下の議長声明を求めた。

「同様に、なんて冗談じゃない」とライスが反論した。「発射は米国を含む国際社会への直接の脅威だ。しかも北朝鮮は大統領が差し伸べた手をはたいた」と怒り、「中国はじゅうたんの下に事実を隠すことはできない」と語った。

「言葉を慎め」と李はすごんだ。「米国だけで結論は出せない」

米中の協力で生まれた北朝鮮の非核化に関する六者協議をなぜ動かさないのか、というのが中国の主張だ。中国は議長国として「限りなく努力してきた」と李は述べ、「安保理のあらゆる行動は六者協議に資するべきだ」とまで言った。

緊急会合後に安保理の当座の方針を示す「報道向け談話」の内容をめぐってすら、米中両大使は言い合いになった。

ライスは今後の協議の流れを作ろうと談話の米国案を出していた。「安保理メンバーは、過去の国連決議に明白に違反し、地域の安定を揺るがす今回の発射を非難する」という項目に、李が注文をつけた。「『非難』の表現は不適当だ。『地域の安定を揺るがす』などといった合意は、この場にない」。結局「地域の安定を揺るがす」は削られた。

緊急会合終了後、一二月の議長国モロッコの大使ルリシュキは、記者団の前で報道向け談話を読み上げた。安保理メンバーは、今回の発射が、北朝鮮に弾道ミサイル発射を禁じた過去二回の核実験時の決議に「明確に違反すると非難」し、「適切な対応について協議を続ける」とした。

角を突き合わせたライスと李の交渉は、発射三日後に議長声明が出た四月のようにはいかなかった。西田は李に対応を促そうと接触を図るが、これも難しかった。日中の間では、両国の関係を一九七二年の国交正常化後で最悪の状況に陥れた、尖閣問題が起きていた。

二〇一二年九月に民主党の野田内閣が尖閣諸島を国有化した。対中強硬派で知られる石原慎太郎都知事が、東京都による購入を唱え、政権はこれを避けようとしたのだ。しかし、中国で大規模な反日デモが起き、尖閣諸島周辺の領海に侵入する中国公船が急増。海上保安庁が対応に追われていた。

ニューヨークでも、李は日本大使公邸での食事に招かれても応じなくなっていた。西田は「東京でも北京でもできない外交を」と考えた。安保理ロビーの記者団の前で李に近づき、握手し、肩をたたいた。「日中関係は国連では別」という雰囲気を作り、別の部屋へ行って二人で話した。

最初は戸惑い気味だった李だが、徐々に打ち解けた。西田が「北朝鮮問題で米国はもちろん大事だが、アジアの平和に責任をもつ日中でしっかりと対応しよう」と話すと、「その通りだ」と何度もうなずいた。

日本の政権再交代

だが、年も押し迫って日本の状況がさらに変わる。消費税増税をめぐって野田内閣が衆院を解散し、一二月一六日の衆院選で自民党政権が復活。党総裁の安倍晋三が再び首相の座に就いた。安倍は〇七年の参院選で大敗した直後に首相を辞めたが、一二年九月の自民党総裁選で元防衛相の石破茂を僅差で破り復権していた。

安倍は野党第一党の党首として臨んだ衆院選で、民主党政権が沖縄県・辺野古での新基地建設をめぐって日米関係を混乱させたと主張した。それが中国公船の頻繁な侵入を許す「外交敗北」を招いたとして、「日本を取り戻す」と連呼していた。北朝鮮による今回のミサイル発射への対応では、安保理で「議長声明以上」を目指すとした野田内閣を批判し、一段上の決議を得るよう主張していた。

安保理での協議が長引くうちに安倍内閣が発足し、日本がどう振る舞うかは安倍外交の試金石になっていた。外務省幹部は首相官邸の意向をふまえ、西田に「中国に対して、米国よりも強く出られないか」と打診してきた。

それは米中を取り持つ西田の動きと正反対のものだった。「今はブラフをかけるよりも解決することだ」と西田はその幹部に伝えた。李と接触を保ち、北朝鮮の弾道ミサイルが日本の安全保障にとっていかに深刻な問題かを説き続けた。

交渉が遅々として進まないうちに、李が金正恩について西田に語る言葉は、「無責任だ」と厳しくなっていった。金正恩が北朝鮮軍の最高司令官に就任して一年になる一二月三〇日、北朝鮮メディアは、正恩が軍を掌握する様子を伝え、「衛星の打ち上げ」を正恩の「決断と愛国献身がもたらした輝かしい結実」とたたえていた。

西田は、李の変化を習近平政権の不満の現れと考え、ライスとともに李に妥協を促した。二〇一二年八月、大統領李明博が竹島に上陸したことで日韓関係も悪化していたが、西田は韓国大使でかつて六者協議首席代表も務めた金塾とも連絡を取り合った。

形式は米国の求める決議にこだわった。北朝鮮の弾道ミサイル発射に対しては、〇六年に非難決議が出ていたが、制裁を科す決議は初だった。制裁の中身も強めるが、中国に配慮して新たな項目は設けない。そんな落としどころが見えてきた。

安保理は制裁強化の必要性を国連事務局からも指摘されていた。ミサイル発射時の緊急会合で現状を説明した事務次長ゼリホーンは、「今回の発射は北朝鮮への制裁の実効性を問うている。問題の解決に外交は必要だが、土台となるのは安保理決議を含む国際法への尊重だ」と語った。ゼリホーンはエチオピア出身の国連外交官で、アフリカ中心に紛争解決にあたってきた。

一三年一月二二日、安保理は全会一致で制裁決議を採択した。「国際法による宇宙の平和利用」に触れており、「衛星打ち上げ」と主張する北朝鮮に配慮したようでいて、その国際法は北朝鮮に弾道ミサイル発射を禁じた過去の安保理決議も含むと明記した。

北朝鮮の兵器輸出に関わる団体や個人の資産凍結対象を増やし、北朝鮮関連の金融活動規制や船舶検査を強化した。決議採択後、李は「米国案にあった多くの制裁措置は協議をへて消えた」と語った。安倍は「わが国の考えが多く反映される形で採択された」と歓迎するコメントを出した。

発射から決議まで四一日。この間に韓国大統領選で元大統領朴正熙の長女・朴槿恵が当選し、北朝鮮に強い姿勢を示した李明博から保守政権を引き継いだ。周辺国が政権移行期で連携と対応に手間取る中で、北朝鮮はさらに挑発を重ねていく。

三度目の核実験

「今回の北朝鮮の行動は、朝鮮半島で想像を絶する軍事衝突が起きる可能性をさらに高める」

二〇一三年二月一二日、国連事務次長フェルトマンは安全保障理事会の緊急会合に出席し、北朝鮮の三度目の核実験について説明した。

正午前、韓国や日本の気象庁が北朝鮮付近を震源とする地震波を捉えた。三度目の核実験の成功を朝鮮中央通信が伝える。「以前より爆発力が大きく、小型化、軽量化した原子爆弾を使った」。核爆弾の小型化に成功すれば、ミサイルの弾頭に積みやすくなり、脅威が増す。

さらに北朝鮮は外務省声明で、今回の核実験を、一二年に繰り返した長距離弾道ミサイル発射に対して米国が主導した安保理の対応が原因だと主張した。

「衛星打ち上げに対し、議長声明が出た四月は最大限の自制をしたが、(一二月の発射への)制裁決議で忍耐は限界に達した。今回の核実験はこの米国の敵対行為への怒りを表し、国家の尊厳を守る先軍朝鮮の意思と能力を示すものだ」

核実験を受けた安保理の緊急会合で、フェルトマンはこうした北朝鮮の強硬な姿勢も説明した。「想像を絶する軍事衝突の可能性」という指摘を、ロシアの国連大使チュルキンは「そんな人騒がせな言葉は使わないことだ。緊張緩和に役立たない」とたしなめた。

中東担当の米国務次官補だったベテラン外交官のフェルトマンも「緊張を緩和すべきだ。六者協議を含む外交努力を再び活性化させることが欠かせない」と語った。だが、「そのための北朝鮮への制裁決議は効いていない」という見方だった。

北朝鮮の非核化に関する六者協議が止まって四年が過ぎていた。緊急会合では一五理事国のうち中国、ロシアを含む七カ国が早期再開を支持した。だが、ルワンダの大使は「平和的な解決のための時間は尽きかけている」と嘆いた。

米国のライスは「北朝鮮は、大統領が差し伸べた手にかみつこうと心に決めている」と語った。

核実験は、オバマが再選後で初めての一般教書演説をするちょうどその日だった。演説のトーンは厳しさを増した。「北朝鮮は国際的な義務を果たさねば安全と繁栄を得られないと知るべきだ。昨晩のような挑発はさらなる孤立を招く。米国は同盟国をミサイル防衛強化で守り、世界を率いて脅威に立ち向かうからだ」

大統領に就任して間もない〇九年四月、オバマがプラハで「核兵器なき世界」を訴えた日も、演説の直前に長距離弾道ミサイルが発射されていた。指導者は当時の金正日から金正恩に変わり、北朝鮮の行動は「米国への露骨な挑発と直接の脅威」(ライス)へと発展していた。

安保理を米国の手先扱いし、非難や制裁を口実に核実験をする北朝鮮にどう対応するのか。オーストリアは「この核実験は計画的な挑発だ。安保理は侮辱されている」、フランスは「安保理の信用と名声は危機にある」と焦りをみせた。

一三年から安保理非常任理事国になった韓国の金塾も同調した。任期二年で改選される非常任理事国に韓国が入るのは一六年ぶりのことだ。この二月末に新大統領朴槿恵の就任を控え、金は「より広く高いレベルの実効性を持つ頑強な制裁を科さないと北朝鮮は勘違いする」と厳しい対応を求めた。

問題は、その制裁の実効性だった。米国は「迅速で信頼できる、国連憲章七章に基づく強い決議を」、中国は「事態が制御不能にならないよう慎重で相応の行動を」、ロシアは「強いシグナルを送りつつ緊張を散らす戦略を」と、いつものように抽象論が飛び交う。

安保理内では、今回の核実験が過去の決議への違反であることに異論はなく、中国も「国際世論の完全な無視」と強く批判した。それでも中国は、核不拡散条約(NPT)に非加盟で核兵器を持つパキスタンと同様に、「非難」という言葉を使わなかった。

制裁の実効性を高めるには、北朝鮮と経済関係が深い中国を議論の土俵に乗せる必要があった。米韓は非常任理事国から外れていた日本とも事前に話し、過去二度の核実験の時よりも強い制裁決議を出すべく協議を始める流れを、緊急会合で作ろうとしていた。

ライスと金は、前回の長距離弾道ミサイル発射に対する安保理決議で、米中交渉の末に盛り込まれた、「次に発射か核実験をすれば安保理は重大な行動をとる」という文言を持ち出した。そして、緊急会合後に出す報道向け談話について、この文言をふまえて対応するという趣旨の米国案を示した。中国は米国案について、武力行使の条項も含む「国連憲章七章」や、七章適用の前提となる「国際の平和と安定への脅威」という言葉に反対した。

結局、「国連憲章七章」だけ削ることでまとまり、二月の議長国の韓国が代表して報道向け談話を出した。水面下の米中交渉に向け、日米韓は決議案作りに着手。安保理が対北朝鮮制裁決議を繰り返す中で形を帯びてきたプロセスが動き出した。

北朝鮮制裁委員長の腐心

三度目の北朝鮮の核実験から九日後の二〇一三年二月二一日、北朝鮮制裁の現状について、ルクセンブルク大使のルーカスが、国連安全保障理事会の非公式協議で報告した。

二〇〇六年の初の核実験と制裁決議を受け、国連加盟国に制裁実施を促すため、安保理の下に北朝鮮制裁委員会ができた。委員長は任期二年で一五理事国から選ばれ、ルーカスは一三年に就任した。九〇日以内になされる安保理への定期報告は今回、繰り返される核実験に対し制裁の実効性をどう高めるかを話し合う格好の場となった。

「一月の制裁決議のフォローに集中している。決議のポイントを国連加盟一九三カ国に伝え……」。そこから説明が始まるのが実情だった。

北朝鮮の核・ミサイル問題への関心が世界中で高いわけではない。国連憲章は加盟国が安保理の決定に従うよう定めているが、罰則はない。制裁の理由や、禁輸や資産凍結はどう強化されたのかなどを丁寧に伝えていかないと、協力は広がらない。

制裁委員会は各国に制裁実施の報告を求めているが、一三年の年次報告では、〇九年の二度目の核実験に対する制裁について報告したのは七四カ国にとどまった。アフリカや中東には報告していない国が目立つ。報告があっても「残念ながら多くの国は中身が不十分で、制裁に必要な法律が整っているのか判断しかねる」と指摘されていた。

ルーカスは「専門家パネルに、制裁すべき個人や団体のアップデートを求めている」と説明した。専門家パネルには五常任理事国や日韓から参加し、各国の協力を得て北朝鮮の核・ミサイル開発への協力者を調べている。これが安保理で制裁対象を更新する際の土台となるのだ。

そして「新たに二つの制裁違反があった。一つは日本からの報告だ」とも紹介した。一二年八月に東京港に揚がった貨物を東京税関が検査し、核・ミサイル開発に使える強度の高いアルミニウム合金を押収していた。北朝鮮から中国・大連経由でミャンマーへ輸出されようとしていたものだった。

日本政府は、拉致問題もあって各国に北朝鮮への厳しい制裁を呼びかけており、率先して守ることが必要だった。この件は、〇九年の制裁決議を受けて民主党政権時に成立した貨物検査特別措置法の初適用だったが、摘発時の野田内閣では発表されなかった。一三年三月に安倍内閣の官房長官菅義偉が記者会見で明らかにし、「北朝鮮が関与する貨物には、安保理決議や同法の趣旨にのっとり厳正に対処していく」と語った。

ルーカスの説明が終わると、安保理理事国の国連大使らが発言した。米国は「北朝鮮がまた挑発をする中で、制裁が急務だとの思いを新たにした」と強調。一方で北朝鮮と経済関係の深い中国は、「制裁が究極の目的ではない。制裁委は客観的な証拠に基づいて慎重に判断してほしい」と米国を牽制した。

韓国は北朝鮮批判を始めた。二日前、ジュネーブでの国連軍縮会議で核実験を各国から次々と批判された北朝鮮の代表が、韓国だけに向けて「崩壊を告げる異常な振る舞い」と反論したことを紹介し、「不愉快極まりない。韓国は屈しない。北朝鮮はそもそも国連加盟国の資格があるのか」と、収まるところがなかった。

各国の思惑がぶつかる中で、現場を担う制裁委員長の立場には難しいものがある。安保理決議に基づいて特定の国に制裁をするための制裁委員会は、アフリカや中東を対象としたものを中心に、当時も一〇ほどあったが、「厳し過ぎると、対象国とつながりの深い大国が委員長の母国に抗議することもある」と国連大使経験者は語る。

ルーカスは女性で、真面目な人柄が他の安保理メンバーに評価されていた。米国、中国からは制裁委と連携を密にしたいと話があったが、最後に「決議の実施に全力を尽くす。皆さんの全面的な協力をあてにしていいですね」と念を押した。

ニューヨークと平壌　非難の応酬

三度目の核実験に対する制裁決議案の調整は三月にずれ込んだ。水面下交渉の主舞台は米中だ。これまでの決議と同様、国連憲章への言及は「平和への脅威」への対応を定める「七章」にとどまらず、武力行使を除く制裁について記す「四一条」まで書き込み、加盟国に呼びかける表現を強めるなど、文言では妥協点が見えてきた。

だが、肝心なのは実効性だった。具体的に誰に網をかけるのか。資産を凍結する団体や、渡航も禁じる個人を決議の付属文書で名指しするリストアップが難航した。

米国は、制裁委員会の専門家パネルの調査による提案をふまえて日韓に相談。制裁強化で対象を広げたいが、実体がないなどで空振りになればかえって実効性が問われる。そうしてもんだリストを米国が中国に示すと、「これは証拠が疑わしい」「これを削らないなら決議案全体が白紙だ」と突っ返され、日米韓で再協議するといったやり取りが続いた。

制裁対象についてようやく合意し、米国が制裁決議案を安保理の非公式協議で配ったのは五日だった。ライスは「これは米中共同案だ。七章の下に新しく強力な制裁を科す」と述べ、李保東も「バランスの取れた適切な案だ」と同調した。交渉で脇に置かれたロシアのチュルキンは「いかなる制裁決議も外交努力について留保すべきだ」とクギを刺した。

決議は核実験から一カ月弱の三月七日に採択された。核・ミサイル開発への関与を理由に制裁対象として明記する個人・団体を増やし、国連加盟国に対し金融取引の停止も義務化した。禁輸品の疑いがある貨物の各国領海での検査は北朝鮮が「宣戦布告とみなす」と表明し、二度目の核実験に対する決議では中国の反対で義務化が見送られていたが、今回は盛り込んだ。

さらに、各国の判断に任されていた北朝鮮への輸出を禁じる「ぜいたく品」の中身について、日本の求めで今回初めて付属文書に具体的に示された。宝石、貴金属、ヨット、高級車、レーシングカー――。安倍内閣は拉致問題の解決を最優先課題に掲げていたが、金正恩政権になっても一向に進展が見えていなかった。国民感情への配慮からだった。

決議は付属文書とあわせて英文で一〇ページと、〇六年の初の核実験に対する制裁決議の倍になった。最初の項目で「安保理決議を甚だしく無視した核実験」への非難を繰り返し、締めの項目で「さらなる発射や核実験があれば、さらなる重大な措置をとる」と記した。

しかし、北朝鮮もさらに安保理批判を強めた。九日の外務省声明は、初の核実験以来の核・ミサイル問題での応酬をこう記した。「この八年、安保理は米国に唆され五つの決議をでっち上げたが、狙いとは真逆に北朝鮮の核抑止力は強化された。安保理決議の結果、核兵器国として地位を固める北朝鮮の姿を世界は目の当たりにするだろう」

タートルベイ・セミナー

ニューヨークと平壌の間で非難が飛び交う一方で、日本の国連代表部は、制裁の実効性を高める取り組みを続けていた。安保理の非常任理事国を外れた一一年に始めた「制裁と軍縮・不拡散セミナー」。国連本部や各国の代表部があるマンハッタンの一角の地区の名にちなみ、「タートルベイ・セミナー」と呼ばれた。

世界各地での経済制裁は、それぞれの制裁委員会を分担する安保理一五理事国の間ですら取り組みが縦割りになりがちだ。大量破壊兵器の不拡散や武器取引制限といった分野とからめた議論の場を設け、ニューヨークに集まる国連や各国の外交官、NGO、シンクタンク、メディアの垣根を越えた取り組みを促そうという狙いだった。

地域的な広がりを持たせようと、中東のトルコ、欧州のポーランドの国連代表部と共催し、経済制裁をめぐっては、外交努力との連携から、途上国で税関をどう整備するかといった話まで論じ合った。一三年六月の五回目まで毎回一〇〇名を超える盛況だった。

西田は三年間務めた日本国連大使の退任を控え、五回目のセミナーの挨拶で呼びかけた。「拡散を止める革命は一つの行動だけでは起きない。地道な努力の積み重ねと政治的な意思が大きなインパクトを生む。今日の協力と協働の精神を、今後に生かしてください」

第11章 浮上する「北朝鮮の人権問題」

二〇一四〜一六年

人権問題を核問題に連動させる米

賛成一一、反対二、棄権二。二〇一四年一二月二二日、国連安全保障理事会で「北朝鮮の状況」をめぐる重い採決があった。核・ミサイルの話ではない。人権問題が、新たに公式協議の議題として賛成多数で採択されたのだ。

採決への運びを主導した米国、韓国などが賛成し、反対したのは中国とロシア。安保理が国連加盟国を拘束しうる意思を示す「決議」とは違い、何を議題にするかの手続きに関する採決として、常任理事国が拒否権を使える対象とはみなされなかった。

きっかけは二月に出た報告書だった。日本と欧州連合(EU)の共同提案で国連人権理事会の下にできた北朝鮮人権調査委員会が、政治犯の処刑や餓死、日本人拉致など、北朝鮮の「組織的な人権侵害」を指摘し、厳しく批判した。これを受けて人権理事会は、三月に北朝鮮への非難決議を採択し、安保理に指導者の責任追及や制裁の検討を求めていた。

安保理は、「国際の平和と安全の維持に関する主要な責任」(国連憲章)を担う。その安保理が、特定の国の人権問題にどこまで関われるのかは微妙な問題だ。先進国が途上国に対してものを言えば内政干渉だと反発が起きがちであり、国連加盟国の間では、それは安保理ではなく、別の国際機関の仕事ではないのかという指摘も根強くある。

さらに北朝鮮に関しては、核・ミサイル問題が悪化の一途をたどる中で、安保理が制裁決議を重ねるという状況になっていた。安保理が人権問題にまで乗り出すことが、はたして事態の改善につながるのかどうか、視界不良は否めなかった。

安保理で北朝鮮の人権問題を扱うと決めた協議の場で、中国大使の劉結一(リウジエイー)は、こうした懸念に触れた。中国外務省で軍備管理軍縮局長を務めた劉は、「朝鮮半島の非核化という目的にとって害でしかない。安保理は緊張を高めず、もっと対話を進める努力をするべきだ」と強く反発した。

だが、米国大使のサマンサ・パワーは「核兵器の拡散か、人々への虐待か。そのどちらに集中すべきかを選ぶ必要はない」と反論した。北朝鮮の人権問題について議論を促す日米韓に対し、北朝鮮は一一月の声明で「未曽有の超強硬対応戦に入る」と牽制していた。パワーはそれを引き合いに、「両方を結びつけて何か問題があるだろうか」と語った。

北朝鮮の人権問題を安保理で議題にすることはできても、それだけで制裁決議をすることは中ロの反対で難しい。米国の狙いは、パワーの言うように人権問題を核・ミサイル問題と「結びつけ」、これまでの制裁の網を一気に広げることで、北朝鮮が対話に向かうよう圧力を強めることだった。

金正恩政権は、三度目の核実験をした翌月の一三年三月、経済発展と核開発を同時に進める「並進路線」を打ち出していた。米国としては、制裁強化で核開発のコストを高め、経済発展に欠かせない国際社会との対話へ「並進路線」を傾かせたい——。一五年一〇月の朝鮮労働党創建七〇周年に合わせて北朝鮮が次の行動に出ることを考え、安保理での次の制裁決議案について日韓と協議していた。

一〇月が無事に過ぎ、一二月一〇日に、安保理公式協議で一年ぶりに北朝鮮の人権問題が扱われた場で、その日米韓協議の一端が現れた。

パワーが、北朝鮮は安保理決議に反し核実験と弾道ミサイル発射を重ねていると語った後で、当時安保理メンバーから外れていたが、関係国として出席した日本大使の吉川元偉はこんな構図を示してみせた。「北朝鮮では人々が欠乏に苦しんでいるのに、資源が核とミサイルにつぎ込まれている」

四度目の核実験

翌月の一六年一月六日、北朝鮮は四度目の核実験を行う。過去三度はあったとされる中国への事前通告もなく、世界に衝撃が走った。北朝鮮メディアは、金正恩が「一六年の荘厳な序幕を爽快な爆音で開く」と書いた文書の写真を報じた。

日米韓はすでに次の制裁決議案を練っていた。三カ国の要請で安保理の緊急会合が開かれた後、一六年に非常任理事国に戻った日本の吉川は、「既存の制裁の継続だけでは北朝鮮に政策変更を求める上で効果はない」と記者団に示唆した。

決議案の柱は、北朝鮮の年間輸出額のうち三分の一の約一〇億ドルを占める石炭や、約二億ドルの鉄鉱石などについて、国連加盟国に輸入を禁じることだった。

なぜここまで踏み込むのか。まず、北朝鮮は核・ミサイルの関連物資や武器の輸出入を過去の決議で禁じられてはいるが、貨物の偽装などによる密輸を摘発されており、開発を防ぐには収入源を絞るべきだという判断だった。無関係の主要産品の輸出まで縛るのは人道上おかしいという批判には、金正恩政権が人々の生活よりも核・ミサイル開発を優先しているという、人権問題にからめた主張で切り返していく。

米国が中国と決議案の交渉に入る一方で、日本は他の非常任理事国への説得を始めた。吉川が面食らったのは、安保理を日本が五年離れているうちに、日朝関係をめぐる問題への理解がかなり浅くなっていたことだった。

フランス語やスペイン語も堪能な吉川は、各国の大使と接触を重ね、「制裁より対話をという声があるが、日本は北朝鮮と対話を重ねてきた」と説いた。かつて核開発凍結の見返りに発電用の軽水炉を提供しようとしたことや、当時の首相小泉純一郎の二度の訪朝などを、自身の関わりと重ねて説明して回った。

〇二年に小泉と総書記金正日が会談して日朝平壌宣言に合意した頃、吉川は政府の途上国支援（ＯＤＡ）を扱う外務省経済協力局の審議官だった。平壌宣言には、国交正常化後の北朝鮮に対する経済協力が盛られていたが、その財源をどうかき集めるか、知恵を絞ったことがある。

だが、結局日朝国交正常化交渉は頓挫した。吉川はその経緯を説明しながら、「北朝鮮による裏切りの歴史だった。残念ながら今の選択肢は制裁しかないが、北朝鮮が非核化や拉致問題の解決に応じれば日本の経済協力も動き出せる」と各国に訴えた。

もう一つのハードルが日韓関係だった。吉川が大使になった一三年から戦後七〇年の一五年にかけ、安倍政権と朴政権の間で歴史認識問題が再燃した。一五年九月には大統領朴槿恵が北京の天安門広場で開かれた抗日戦争勝利七〇周年の式典に出席。韓国は国連の人権理事会で、日本軍「慰安婦」問題をたびたび取り上げていた。

吉川と韓国大使の呉俊（オジュン）は「他の点では日韓の立場はほとんど同じだ」と確かめ合った。二人は、外交官として数度の国連担当ポストで重なってきた二〇年来の知り合いで、この時大使の立場で再会した。非常任理事国を説得に回る際、「あそこは動きが変だ。おさえておいた方がいい」などと連絡を取り合った。核実験の直前の一五年末、岸田文雄と尹炳世（ユンビョンセ）の外相会談で「慰安婦」問題に関する合意ができていたことも後押しになった。

だが、決議案をめぐる交渉の本丸は米中だった。

石炭禁輸に踏み切る

四度目の核実験に、国連安全保障理事会がどう対応するか。制裁決議案の焦点は、北朝鮮の主要産品である石炭の禁輸に踏み切るかどうかだった。

北朝鮮の輸出は中国向けが約九割だ。米中の国連大使による交渉で劉結一は抵抗した。「中国は広く港は多い。北朝鮮からの船が石炭を積んでいるかどうかの検査を現場でやりきれるのか、地方の意見を聞くのは大変だ。北京ですぐに答えられる話ではない」

核実験から一カ月近く経った二月七日、北朝鮮による長距離弾道ミサイル・テポドン2改良型の発射が、局面を変えた。北朝鮮は、前回の一二年一二月と同様に「衛星打ち上げ」を予告。ミサイルは南方へ飛び、沖縄上空を越えた。韓国政府は、飛距離を大陸間弾道弾（ICBM）級の五五〇〇km以上と推定し、実戦配備に向けて技術を蓄積したとの見方を示した。

米国のパワーは七日の安保理緊急会合後、日韓の両大使と共同記者会見を開いた。「国際社会が強く対応しないと北朝鮮は緊張を高め続ける」と訴え、早期の制裁決議採択が必要だとアピールした。中国は武大偉（ウーターウェイ）朝鮮半島問題特別代表を平壌に派遣していたが、発射を止められず、決議案の詰めに応じざるを得なくなっていた。

米中交渉が続く。劉は、石炭の禁輸が、金正恩や中朝貿易に携わる中国企業を刺激することへの不安をのぞかせた。パワーから経過を聞いていた吉川は、別件での安保理協議の前後にも劉を捕まえては「早く対応しないと安保理の権威に関わる」と促した。

妥協は、人道的な配慮を理由になされた。石炭や鉄鉱石、鉄について北朝鮮に輸出を禁じたが、北朝鮮の人々の「民生目的」であれば認めた。新たに一二団体の資産を凍結、一六人に渡航禁止も課して制裁対象を倍増させたが、そこまで対象を絞り込むように求めた中ロとの交渉にも時間を費やした。

新たに北朝鮮への航空燃料輸出も禁じた。弾道ミサイルへの利用防止を狙ったものだが、これも例外規定が加わり、「北朝鮮の外での民間旅客機に対する、もっぱら北朝鮮への往復に消費される燃料の販売、供給には適用されない」とされた。

核実験から二カ月近く経った三月二日、安保理は、その間に起きた長距離弾道ミサイル発射も対象にするという、異例の制裁決議を全会一致で採択した。計五二項目、付属文書とあわせて英文で一九ページと、これまでで最長の決議だ。

安保理が一四年末から北朝鮮の人権問題も議題とするようになったことをふまえ、「北朝鮮の人々の重大な苦難に深い懸念を示す」「人々の需要を満たすにほど遠い中で、武器輸出の収入が核・ミサイルの追求に向けられていることに強い懸念を示す」という文章が序文に初めて入った。

北朝鮮の核・ミサイル問題では、安保理が出した五回目の制裁決議となった。パワーは採択の場で「過去四回の決議にもかかわらず、北朝鮮が兵器計画に資金をつぎ込み続けていることを直視せねばならない。だから今回、最強の決議をした」と語り、「このきわめて厳しい決議のために密接に交渉した中国の指導力」を持ち上げた。

だが、劉は「目的は制裁ではない。安保理では朝鮮半島の核問題を解決できない」と指摘。さらに矛先を米国へ向けた。

「高高度迎撃ミサイルシステム・THAAD（サード）配備に反対する。中国と周辺国の安全保障上の利益を害し、朝鮮半島問題の解決に向けた国際社会の努力を台無しにする」。米韓は二月のテポドン2改良型発射を受け、北朝鮮向けのミサイル防衛として検討してきたTHAADの在韓米軍配備に向けた公式協議を始めていた。中国はこれが中国向けになりうると警戒していたのだった。

劉に続き、ロシアのチュルキンも「北東アジアでの後ろ向きの傾向を深く懸念する。平壌の行動にかこつけたTHAADを含む軍拡の動きがある」と述べた。米国は冷戦後の大量破壊兵器拡散に備えるとして〇二年に弾道弾迎撃ミサイル（ABM）制限条約から脱退し、ミサイル防衛網を欧州でも広げていた。それをめぐる中ロとの対立がぶり返した。

クリミア併合という新たな懸念

ロシアと米国が険悪な背景には、そもそもクリミア問題がある。

一四年三月、ロシアは、ウクライナ南部クリミアでの住民投票をふまえクリミアを併合。安保理では住民投票を無効とする米国主導の決議案が提出されたが、ロシアの拒否権行使で廃案になっていた。ロシアは主要八カ国(G8)の枠組みから外され、国際問題について日米欧と対応を話し合う重要な場が消えていた。

安保理を舞台に、日米韓は人権問題をからめた「最強の決議」で北朝鮮に変化を迫り、一方、中ロはそれが逆に北朝鮮を刺激し、北東アジアの軍事バランスまで崩しかねないと警戒する。

今回の決議でも、七年以上止まったままの北朝鮮の非核化に関する六者協議について、「再開を要請する」と繰り返された。だが、北朝鮮の核開発阻止へ具体的にどう動くか、五者のビジョンは一向に重なり合わなかった。

二〇一六年、計二四発のミサイル発射

二〇一六年六月二二日、ソウルから仁川国際空港に向かう車中。日本の国連大使別所浩郎の携帯電話が鳴った。韓国大使を務めた前任地からニューヨークへ赴任するところだった。

「北朝鮮がミサイルを撃ちました。すぐに米韓と安保理の緊急会合を要請します。ご到着後すぐ出席いただくかもしれません」

国連日本代表部の職員が伝えた通り、別所が、日付変更線をまたいで赴任した二二日の午後、安全保障理事会で緊急会合が開かれた。北朝鮮は二二日に、中距離弾道ミサイル・ムスダン二

発を日本海に向け発射。安保理は二三日、「直近の発射を強く非難する」という「報道向け談話」を出した。

北朝鮮は一月に四度目の核実験、二月に長距離弾道ミサイル発射を行い、三月に安保理で五度目の制裁決議が出たにもかかわらず、決議が禁じる弾道ミサイル発射を続けた。安保理はその度に緊急会合を開いては、議長が代表して「報道向け談話」を発表する。四月には議長国中国の劉も「核兵器運搬システムの開発に資する活動だ」と北朝鮮を非難し、続行すれば「安保理はさらに重大な措置をとるだろう」と警告していた。

金正恩は、五月の朝鮮労働党大会で新たにできたポストである党委員長に就任し、独裁体制を強めていた。核開発凍結の交渉に応じた父や祖父とは異なり、「責任ある核保有国」としての立場を表明。「自衛的な核戦力を強化」「衛星をさらに打ち上げる」と訴え、「先に核兵器を使わず、核拡散防止義務を履行し、世界の非核化の実現に努力する」とすら述べた。

パワーが「最強の決議」と呼んだ三月の制裁決議では、北朝鮮の主要産品である石炭の輸出を「民生目的」を例外として禁じたが、それでも弾道ミサイル発射は止まらない。非難を続けてきた安保理では「制裁は金正恩政権に効かず、北朝鮮の人々を苦しめるだけでは」といった声も出始めていた。

別所は、六月二二日の初仕事から、こうした声に反論していく。「北朝鮮の人々を苦しめているのは、民生に使われるべき資源を核・ミサイル開発につぎ込む当局だ。そうした政策は立ちゆかないというメッセージを制裁によって送り、方向転換させることが必要だ」。それは、北朝鮮の人権問題も要素として、日米韓で「最強の決議」を導いた論理でもあった。

しかし、北朝鮮は構わずに弾道ミサイル開発を進める。

米領グアムに到達しうるムスダンの発射には、一六年六月に、四回目の実験で成功した。潜水艦弾道ミサイル（ＳＬＢＭ）の発射にも、八月に三回目で成功。敵の攻撃から自国の核兵器が生き残る能力を高め、米国が日韓にさしかける「核の傘」を揺らした。日本の大半が射程に入るノドンも八月に一発、九月に連続三発が日本海の排他的経済水域（ＥＥＺ）に落下。ＥＥＺへの弾道ミサイル落下は、一九九八年の三陸沖へのテポドン以来だ。

北朝鮮の一六年の弾道ミサイル発射は二～一〇月に毎月、少なくとも計二四発。父の金正日政権一七年間を通じて発射された一六発を一年で超えた。多くは日本海に落ち、失敗もしながら精度を高めていった。北朝鮮メディアは、金正恩の「現地指導」もたびたび伝えている。朴槿恵は「金正恩の性格は予測し難い」と、不安を語った。

日米韓はミサイル防衛の備えを急ぐ。米韓は七月に在韓米軍へのＴＨＡＡＤ配備を発表した。独自のミサイル防衛を日本で強化し、韓国で新たに配備する動きも加速。日韓で防衛上の秘密情報を素早く共有するための軍事情報包括保護協定（ＧＳＯＭＩＡ）の一一月締結も後押しした。

「毎日がキューバ危機のようだ」

国連での協議の場で、韓国の外交官がそうもらすようになった。キューバ危機とは、半世紀前の一九六二年、カリブ海に浮かぶ島国キューバに旧ソ連が持ち込んだ核ミサイルをめぐり米ソが核戦争の寸前に至った事態だ。そんな緊張が朝鮮半島周辺を覆っていた。

五度目の核実験

さらに北朝鮮は、九月九日、五度目の核実験を行った。実験に伴い観測された地震の規模は、過去最大のマグニチュード五・一。TNT火薬に換算した規模を日本の防衛省は一一〜一二キロトンと推定した。〇六年の初の核実験は一キロトン未満だったが、いまやその一〇倍を超え、一五キロトンだった広島型原爆レベルに近づいていた。

北朝鮮の核兵器研究所は、「弾道ロケットに装着できる核弾頭の性能や威力などを最終的に確認した。小型化、軽量化、多種化された核弾頭を必要なだけ生産できる」との声明を発表。核爆弾を積む弾道ミサイルの完成は近いと強調した。

各国首脳が毎年九月下旬にニューヨークに集い、演説する国連総会。首相就任から四年近くになる安倍晋三は、二一日、壇上で「日本の国連加盟六〇年の歩みを振り返るつもりだった」と述べつつ、一五分の持ち時間の三分の一以上を北朝鮮問題に割いた。「北朝鮮の脅威は異なる次元に達した。これまでと一線を画す対応で力を結集し、計画をくじかねばならない」

米大統領オバマの任期は残り四カ月だった。「すべての国が核兵器の拡散を止め、核兵器なき世界を追求しない限り、核戦争の可能性からは逃れられない」。二〇日、自国の核軍縮が進まなかった反省も込めて二期八年を振り返るように最後の国連演説を続けた。

「イランは核計画の制約を受け入れ世界の安全を高めた。北朝鮮は核実験をして世界を危険にしている。契約を破る国は報いを受ける。米国のように核兵器を持つ国には、貯蔵を減らし、実験をしない決意を新たにする責任がある」

オバマ政権は北朝鮮に対し、非核化へ動かなければ交渉に応じない一方で、軍事力行使を選択肢として強調することもしない「戦略的忍耐」で臨んできた。

一二年に、始動間もない金正恩体制との間で核開発と長距離弾道ミサイル発射の一時凍結を合意し、その後すぐミサイルを発射されてもなお、「忍耐」を続けてきた。没交渉のまま北朝鮮の核・ミサイル開発は加速した。

「契約を破る国は報いを受ける」という姿勢は、経済制裁の強化という形に特化されていく。「核兵器なき世界」を唱えたオバマは、米国が原爆を落とした広島を一六年五月に米大統領として初めて訪れた。だが、その対北朝鮮政策の最後の仕事は、五度目の核実験への「報い」となった。

安保理での制裁決議案の交渉でカギになったのは、またも人権問題だった。四度目の核実験への制裁決議では、金正恩政権の資源配分が、人々の生活よりも核・ミサイル開発を優先しているという論理で、禁輸対象を北朝鮮の主要産品の石炭にまで広げた。ただ、最大の輸出先である中国の主張をふまえ、北朝鮮の人々の「民生目的」での石炭の輸出は認めていた。

だが、北朝鮮の石炭輸出額は一六年一〇月までに一五年の年間分に達した。「民生目的」が抜け穴になり、石炭輸出による収入が核・ミサイル開発に流れ続けている――。弾道ミサイル発射が繰り返される中、日米は安保理で、こうした主張を強めていった。

日米韓は五度目の核実験に備え、次の制裁決議案を練っていた。北朝鮮の石炭輸出を「民生目的」に限ることをやめ、数値で上限を設ける。核実験から二カ月以上にわたる米中交渉の末に、一七年から上限を年間約四億ドル、または七五〇万トンとすることでまとまった。輸出額でいえば一五年の約四割に抑えることになる。

強められた決議の「人権色」

日本大使の別所は、大統領特別補佐官として人権問題を担当したことのある米国大使パワーとの連携に心を砕いていた。かつて別所が首相秘書官を務めた小泉内閣は、日本人拉致問題の解決に挑んだものの事態は進展せず、十数年を経てもなお、安倍内閣が最重要課題の一つに掲げていた。別所には、日本が北朝鮮の核・ミサイルの脅威を世界に訴え制裁を率先するが故に、さらに拉致問題が停滞してはならないという思いがあった。

日朝両政府は、一四年、スウェーデン・ストックホルムでの伊原純一外務省アジア大洋州局長と宋日昊(ソンイルホ)朝日国交正常化交渉担当大使の協議を経て、北朝鮮による拉致被害者を含むすべての日本人に関する問題の調査と、日本による制裁の一部緩和をすることで合意していた。だが、四度目の核実験と長距離弾道ミサイル発射に対して日本が独自制裁を決めると、北朝鮮は反発し、一六年二月に調査中止を一方的に宣言していた。

安保理で始まった北朝鮮の人権問題に関する議論では、日本は、拉致問題に光をあてたい考えもあって米国との連携に努めた。パワーは一六年一〇月に日本を訪れた際、三九年前に拉致された横田めぐみさんの母早紀江さんに会い、その苦悩に接していた。

一一月三〇日、安保理は、北朝鮮の核・ミサイル問題で六度目の制裁決議を全会一致で採択。その本文に、初めて人権問題の項目が入った。「北朝鮮の人々の福祉を顧みずに核兵器と弾道ミサイルを追求する北朝鮮政府を非難する。北朝鮮政府は人々の福祉と尊厳を尊重し確保する必要がある」と記された。

パワーは決議採択の場で、日本の主張で入ったこの項目を強調した。「「北朝鮮の人々」には日韓の拉致被害者も含まれる。その運命を何十年も知らないままの家族もいる」

決議には、米国の主張で「出稼ぎ労働者による外貨獲得が核・ミサイル計画に使われることを懸念し、国連加盟国に監視を求める」という項目も加わった。パワーが人権問題に絡め「搾取だ」として求めていた。労働者を海外へ派遣する北朝鮮企業への金融制裁は見送られたが、米財務省は一二月二日に独自制裁として発表した。

国連加盟国を縛る安保理決議による対北朝鮮制裁の「人権色」が、日米韓の主導でさらに強まったことになる。日米は九日の安保理公式協議では、一四年、一五年に続き北朝鮮の人権問題を議題にすることを提案した。中国は改めて異を唱えた。

劉「安保理は人権問題を政治化する場ではない。世界平和に専念すべきだ」

パワー「自国民の人権を侵す国は、平和のための国際規範も見下すものだ」

採決では、一五理事国のうち、賛成にパワーや別所など九人の手が上がった。議題の採択に必要なぎりぎりの数を日米韓の根回しで何とか確保したのだった。反対は中ロに加えアンゴラ、エジプト、ベネズエラの五カ国。一四年に議論した際は中ロだけだったが、反対が増えていた。

「議題は採択された」

一二月の議長国・スペインの大使が木槌をたたく。関係国として韓国大使が席に加わっていたが、北朝鮮大使の姿はない。冒頭に国連副事務総長エリアソンが「北朝鮮の人権状況に関する安保理会合を歓迎する。きわめて懸念すべき問題だ」と述べて現状を説明し、討論が始まった。

第Ⅲ部
トランプと金正恩

トランプ米大統領(2017年9月29日，朝日新聞)
金正恩党委員長(2017年10月8日，コリアメディア提供・共同)

第12章 トランプ登場

二〇一六〜一七年

トランプの台頭　日本の不安

「北朝鮮が頭をもたげるたびに、日本から「どうにかしてくれ」と電話で言ってくる。でも米国にはカネがないんだ。核兵器なんてひどい状態で、動くかどうかもわからない」

二〇一六年三月二五日、ドナルド・トランプは米紙ニューヨーク・タイムズにこう語った。北朝鮮が四度目の核実験を行い、その後日本海へ弾道ミサイル発射を続けていた頃だ。トランプは、米大統領選の予備選で共和党の候補者指名獲得へと躍進していた。何かと物議を醸す実業家に、同紙が外交政策について電話でインタビューしたのだった。

「北朝鮮はすごく攻撃的で、日本のすぐそばだ。米国はすごく遠いし、他にも多くの人を守っている」。では日本は核兵器で自衛する必要があると考えるのか？　そう問われると、「日本に（北朝鮮から）核の脅威があるならば、米国にとってそれは悪いことかな」と答えた。

「核兵器なき世界」の理想と現実の間で悩んできた大統領オバマには信じられない発言だった。「米国第一」を掲げるトランプは「もう世界の警察官はできない」として、同盟国の負担増を唱えていた。それが、米国が「核の傘」をたたんで日本の核武装を認めるところまでいくのか――。

核不拡散条約(NPT)は、核兵器の保有を米国など先に作り上げた一部の国に限った上で、核軍縮・不拡散を進めようとする、第二次大戦後の世界秩序の柱の一つだが、トランプの発言は、それとも相いれない。NPTから脱退表明をして核開発を進める北朝鮮を批判できなくなるどころか、日本や韓国の独自の核武装への誘因となりかねない。

四月一日、ワシントン。オバマは、自ら提唱した国際首脳会議「核保安サミット」後の記者会見で不満をあらわにした。「日韓との同盟は米国にとってアジア太平洋地域の要石であり、核のエスカレーションを防いでいる。これがいかに重要かを理解できない者に、大統領執務室に立ち入ってほしくない」

日本にとってもトランプの躍進は深刻な事態だった。首相の安倍は「わが国を取り巻く安全保障環境は厳しさを増している」として、日米同盟強化での対応を唱えていた。戦後の新憲法下で歴代内閣が認めてこなかった集団的自衛権の行使を一四年に閣議決定で解禁。「アベ政治を許さない」「立憲主義を守れ」と訴えるデモが首相官邸前から全国へ広がる中、自衛隊の役割を大きく広げる安全保障法制を一五年九月に成立させていた。

だが、トランプは、このインタビューでそうした日本側の動きにまったく触れず、米国は日本を守るが、その逆を定めていない日米安全保障条約を「きわめて一方的だ」と批判した。日本が米国に基地を提供する在日米軍の経費を、日本側にもっと負担させるべきだとすら主張していた。

トランプは一六年七月に共和党候補に指名され、民主党候補の元国務長官ヒラリー・クリントンとのシーソーゲームが続く。米国の政権交代期に、その政策の継続性に世界中が気をもむのは常だが、北朝鮮が毎月のように弾道ミサイルを発射し、二度の核実験をしたこの年に重なった大統領選の行方は、日本にとって死活問題となった。

もしトランプが大統領になり、安保条約や「核の傘」の見直しに本気で動けば、日米同盟は崩壊しかねない——。外務省はワシントンの日本大使館を拠点にトランプ対策に乗り出したが、「反ワシントン」を掲げて、当初は泡沫候補とみられていたトランプ陣営との人脈はか細い。要は本人に安倍が会うことだった。

必死の説得

そして、九月九日の北朝鮮の五度目の核実験から約五カ月の間に、日本の首相が三度訪米するという異例の事態となる。最初のアプローチは、米大統領選中の九月下旬、国連総会での各国首脳演説で訪れたニューヨークだった。

安倍の宿泊先「ザ・キタノ・ニューヨーク」にクリントンが会いに来ることになったため、同じマンハッタン島のトランプ・タワーに自宅があるトランプ側にも打診した。現れたのは後に商務長官になるウィルバー・ロスだ。トランプ側近で知日派のベンチャー投資家は、「遊説で会えず残念だ」というトランプからの伝言を伝えると、「日本の投資でウィンウィンの関係を作りたい」と抱負を語った。

トランプは「ジャパン・バッシング」モードではない――。安倍官邸と駐米大使館の見方は一致した。トランプが当選したら安倍がすぐに電話で祝意を伝え、初顔あわせにつなげるべく、大使の佐々江賢一郎はトランプ陣営と調整を進めた。北朝鮮の核・ミサイル問題や日本の自動車産業の米国内生産など、日米が運命共同体としていかに連携してきたかについて、トランプ陣営へのインプットにも本腰を入れた。

一一月八日、米大統領選が投開票された。トランプは九日未明に勝利宣言し、「常に米国の利益を最優先するが、世界と共通認識を探っていく」と語った。安倍はその夜にトランプに電話し、「類いまれなリーダーシップで米国が一層偉大な国になると確信する」と伝達。ペルーでの国際会議に向かう途中の一七日に訪米し、会うことにした。

実はこの会談はキャンセル寸前だった、とトランプが一年後の来日時に首相夫妻主催の晩餐会で語っている。九日の電話で安倍との会談は翌年一月の大統領就任後にという意味だと思っていたら、日本側が近日中の会談へ動いているとわかり、オバマの在任中に外国の指導者に会うのはまずいと側近らに言われた。「それで首相に電話したらいなかった。もうニューヨークへの飛行機に乗っていたんだ」

一七日午後、トランプ・タワーを訪れた安倍は、「キュートな動画を見ました」と語りかけた。トランプの孫娘が「ピコ太郎」のまねをしてはしゃぐ投稿映像の話だ。ゴルフ好きのトランプに「いつか一緒に回りましょう」と、私費五四万円で買った最高級ドライバーを贈った。ヘッドはタワーの内装と同じ金色だ。

会談は約一時間半。安倍は北朝鮮や中国、日米同盟について丁寧に説き、環太平洋経済連携協定(TPP)でも日米は協力すべきだと強調した。オバマ前政権が進めたTPPにトランプは反対だったが、聴き入った。

必死の説得が功を奏し、トランプはフェイスブックに安倍と笑顔で並ぶ写真を載せ、「素晴らしい友人関係が始まった」と記した。あとは、二カ月のトランジション(政権移行期)を経て新大統領がどう出てくるかだった。

〝狂犬〟マティス国防長官訪日

二〇一七年一月二〇日、トランプ大統領の就任直後に、新政権の主要政策が発表された。TPPについては離脱が明記されていた。「力による平和が外交政策の中核だ」とし、過激派組織「イスラム国」(IS)対策を最優先課題としていた。同盟国との連携には触れず、北朝鮮については「イランや北朝鮮のような国からの攻撃に備え、最新鋭のミサイル防衛システムを開発する」との一文があるだけだった。

二八日、トランプは安倍と電話で話し、二月一〇日にホワイトハウスで会談をすることになる。トランプは「信頼するマッド・ドッグ(狂犬)、マティスを送る」と語った。米海兵隊当時の勇猛さからそう呼ばれた国防長官が、安倍訪米の直前に来日することになった。ある防衛相経験者は「黒船だ」ともらし、幕末に米国に開国を迫られた時のような要求が来ることへの警戒をあらわにした。

二月四日、東京・市谷の防衛省講堂。マティスは防衛相の稲田朋美と会談後に共同記者会見に臨み、冒頭に述べた。

「トランプ政権にとってアジア太平洋、特に日本のような長期にわたる同盟国の優先順位は高いと申し上げておこう」。トランプが大統領選中に不満を述べていた在日米軍経費の日本側負担については、逆に他の同盟国にとっての「モデルであり続けている」と評価し、笑顔で稲田と握手して会見を終えた。

安倍も首相官邸でマティスと会い、中国が領土だと主張する尖閣諸島が「日本の施政下にあり安保条約の適用対象だ」としてきた米国の立場も追認できた。「トランプ政権は安全保障面ではぶれていない」と外務・防衛両省の幹部らが一息つく中で、安倍は一〇日の首脳会談で共同声明を出すべく、外務省に米側との調整を指示した。

北朝鮮の弾道ミサイル発射に関して記者会見する安倍首相とトランプ大統領（2017年2月11日，フロリダ州パームビーチ，朝日新聞）

外務省は、トランプ政権が掲げた「力による平和」に注目した。同じ共和党の大統領で、冷戦期にソ連に厳しい姿勢を示したレーガンも使った言葉だ。オバマ前政権の対北朝鮮政策では、国務長官当時のクリントンらが「戦略的忍耐」を唱え、軍事力行使を選択肢として強調しなかった。そこからの変化を、トランプが大統領就任後に他国首脳と会談して初めて出す共同声明で明確に示せないかと考えた。

「力による平和を掲げるなら北朝鮮に対する抑止を強調すべきだ」「日本も同盟国としてより大きな役割を果たすと明記する」

日本側は米側にそう働きかけつつ原案を示した。日米の溝の深いTPPでは「米国の離脱に留意し最善の方法を探求する」という玉虫色の表現とした。米側はトランプの判断を仰ぎ、首脳会談当日にOKが出て、安倍は胸をなで下ろした。

二月一〇日の共同声明は、冒頭で「核及び通常戦力によるあらゆる種類の軍事力を使った、日本の防衛に対する米国の誓約は揺るぎない」と表明。「日米は北朝鮮に対し、核・ミサイル計画を放棄し、さらなる挑発を行わないよう強く求める」とした。

日米首脳間の公式文書で、米国による日本防衛について「核」の言葉を使うのは、一九七五年八月の三木・フォード会談後に出した共同新聞発表以来のことだ。日本側が「唯一の被爆国」として核軍縮を掲げる立場から、使用を控えてきた経緯がある。その言葉が四二年ぶりに復活したのだった。

「一緒にゴルフを」が早速実現する。会談後、トランプは安倍と大統領専用機でフロリダへ飛び、翌日午前に一八ホール。午後に予定外の九ホールが加わり、計約五時間を一緒に回った。同じカートに揺られながら、防衛装備をめぐる話が盛り上がった。中国の習近平やロシアのプーチンなど各国首脳の印象も語り合った。

トランプの別荘で夕食中、北朝鮮が日本海へ弾道ミサイルを発射したという連絡が入った。安倍が日本の報道陣に対応すべく席を外すことをことわると、トランプは「我々は同盟国だろう。一緒に行こう」と声をかけた。日米の報道陣の前に両首脳が現れ、トランプは「日本を一〇〇%支持する」と語った。

安倍は帰国した二月一三日、NHKの番組に生出演した。「北朝鮮に対し米国はより厳しくなる。これはもう、明らかですね」。自身が昨年の米大統領選中から率先し、綱渡りでやってきたトランプ対策が実を結び、雄弁だった。

「オバマ政権は戦略的忍耐という言葉を使い、軍事力の行使に非常に慎重でした。トランプ政権はそれを見直し、あらゆる選択肢をテーブルの上に乗せながら外交的に解決していきたいと考えている」

そして、トランプと信頼関係を築くためにそれまで語らなかったトランプ・タワー以来のやり取りの核心の一端に触れ、意思疎通は万全だと強調した。

「北朝鮮へのアプローチはかなり中心的なテーマとして話してきた。国連安全保障理事会の決議(による経済制裁)で中国の役割は非常に重要ですが、その役割をどう果たしてもらうかという話もしました」

米韓合同軍事演習　高まる緊張

二〇一七年四月中旬のこと、フィリピン東方沖を米軍の艦隊が北上していた。戦闘機を載せた空母カールビンソンを中心に、ミサイル駆逐艦など四隻からなる「空母打撃群」だ。実施中の米韓合同軍事演習に参加すべく、朝鮮半島へ向かっていた。

国連ではその頃、米国が、安全保障理事会の閣僚級会合を開いて、北朝鮮の核・ミサイル問題で結束を図ろうとしていた。米国は、トランプ政権が発足一〇〇日を迎える四月、安保理で月替わりの議長国を務めていた。

国連大使ではなく、各国の外相らが集う安保理閣僚級会合は、イスラエル・パレスチナ紛争やイラクの大量破壊兵器問題、過激派組織「イスラム国」など、欧米の関心が強い中東に関するテーマでの開催が目立つ。北朝鮮問題で開かれるのは異例だ。北朝鮮の国連次席大使金仁龍(キムインリョン)は記者会見を開き、米国の指図は受けないと述べ、空母カールビンソンの動きを「核戦争が勃発するかもしれない」と批判した。

米韓合同軍事演習の間、緊張は高まり続けた。毎年春の米韓合同軍事演習は恒例だが、今回はトランプ政権では初めてで、史上最大とされた二〇一六年と同規模だった。

開始から五日後の三月六日、北朝鮮が中距離弾道ミサイル四発を発射し、うち三発が秋田沖の日本の排他的経済水域に落ちた。安倍は国会答弁で「北朝鮮が新たな段階の脅威であることを明確に示すものだ」と強調した。

防衛省は、衛星では事前に見つけにくい移動式発射台が使われたとみていた。四発の発射はほぼ同時で、いきなり複数の弾頭が飛来したときに対応しきれるのかという、ミサイル防衛の課題が浮き彫りになった。北朝鮮メディアは、有事に在日米軍基地への攻撃を担う部隊が参加したと伝え、安倍は七日にトランプと電話でこの件も話し合った。

全国漁業協同組合連合会は「人命に関わる由々しき事態であり強い憤りを抱いている。あらゆる手段を用いて暴挙の阻止を」と官房長官の菅義偉に要請した。一七日には政府が初のミサイル避難訓練を秋田県男鹿市で実施し、また、自民党がミサイル発射施設をたたく敵基地攻撃能力の保有を安倍に提言するなど、三月の首相官邸周辺は、「ミサイルに備えよ」という動きが相次ぐ異常な空気に包まれた。

四月四日、駐韓大使の長嶺安政が東京からソウルに戻った。釜山の日本総領事館前に日本軍「慰安婦」を象徴する「平和の碑(少女像)」が設置されたことへの対抗措置として、一月から「一時帰国」が続いていた。長嶺をソウルに戻した安倍の判断は、大統領選が前倒しされた韓国での次期政権誕生に備えるためと説明されたが、万一の際の邦人保護も理由だった。

柔軟抑止選択肢

米海軍は四月九日、太平洋軍司令官ハリスが、シンガポールから豪州へ出港した空母カールビンソンに針路を北へ変えるよう命じたと発表した。北朝鮮外務省が「無謀な侵略策動」と批判する中、空母打撃群は四月下旬にフィリピン東方沖から沖縄近海へ移動。この間、海上自衛隊の護衛艦二隻と航行し、二八日には空母艦載機と航空自衛隊那覇基地の戦闘機が飛行し、「共同訓練」として発表された。

東シナ海での米軍と自衛隊の訓練は、中国の海洋進出を牽制する狙いが強いが、今回は北朝鮮を意識したことは明らかだった。国務長官ティラーソンと国防長官マティスは二六日、トランプ政権での対北朝鮮政策見直しについてこんな共同声明を発表していた。

「北朝鮮が核と弾道ミサイル、拡散の計画を放棄するよう、同盟国や地域のパートナーとともに経済制裁強化と外交努力で圧力をかける。朝鮮半島の非核化のために対話の余地は残しているが、自身と同盟国を守る備えはできている」

この米軍と自衛隊の共同訓練は、日米同盟の新たな形の表れでもあった。柔軟抑止選択肢(FDO)という米軍で練られた概念で、軍事力の行使に至る手前で、外交や経済、情報発信を含めあらゆる手段で敵に軍事行動を思いとどまらせる、というものだ。その戦略を今回、朝鮮半島へ向かう米空母と自衛隊の共同訓練を北朝鮮に見せつける形で実施したのだ。

一五年に再改定された日米防衛協力のための指針(ガイドライン)には、このFDOや、米軍と自衛隊の共同活動に関する「同盟調整メカニズム」を平時から常設化することが盛り込まれていた。今回の共同訓練と発表は、この枠組みに基づいて日米の国家安全保障会議(NSC)を含む関係者の協議で決められたものだった。

一九九三~九四年の第一次核危機では、核開発を進めようとする北朝鮮に対して、米国が経済制裁を唱え、その先の武力行使まで検討した時、日本では経済制裁の態勢さえ整っていなかった。その反省から、九七年に日米ガイドラインが朝鮮半島有事を念頭に改定され、一五年の再改定を経て、ここまで米国と連動するに至っていた。米海軍とのつながりが強い海上自衛隊には「共同訓練はFDOだということも説明すべきだ」という意見もあったが、それは見送られた。

四月も北朝鮮の弾道ミサイル発射は続いた。「落下時の行動」を掲載した内閣官房の国民保護ポータルサイトへの月間アクセスは、過去最高だった前月の二〇倍を超える九三六万件に達した。空母カールビンソンは自衛隊との共同訓練を終え、韓国軍との演習に参加すべく対馬海峡から日本海へ入る。釜山にはトマホーク巡航ミサイルを積んだ米原子力潜水艦が入港した。

ニューヨークで米国が主導して北朝鮮問題に関する安保理閣僚級会合が開かれたのは、四月末のそんな頃だった。

国連でも「米国第一」

トランプは大統領就任を控えた前年一二月末のツイートで、国連を「集まって話して、楽しむだけのクラブ」と揶揄していた。北朝鮮にこれだけの軍事的圧力をかけた上で、国連をどう使おうとするのか。日本のある外務省幹部は、対話が動き出す可能性もあると目を凝らした。

だが、トランプの発想は正反対だった。閣僚級会合の数日前、すでにその考えを安保理メンバー一同に直接伝えていた。

四月二四日、ホワイトハウス。リンカーンの肖像画が掲げられた「ステート・ダイニングルーム」に、一五理事国の大使らが昼食に招かれた。「こうした伝統は喜んで続ける。本当だ」「みなさんはニッキーが嫌いだろう。でなければすぐ交代だ」。トランプは隣の米国連大使ニッキー・ヘイリーにも触れて笑いを誘った後、核心に入った。

「北朝鮮の現状は容認できない。安保理は追加制裁に備えねばならない。世界にとって真の脅威だ。この問題は見て見ぬふりをされてきたが、解決の時だ」

こうした安全保障の問題に効果的に対応するためとして、トランプは国連の改革を唱えた。

「米国は国連予算の二二%、PKO(国連平和維持活動)の経費の三〇%を負担している。軍事的、経済的負担が特定の国に偏るのは納税者に対し不公平だ」「私は予算にこだわる人間だ。もしみなさんがいい仕事をすれば、私の国連への見方も変わる」

「ニッキーはみなさん一人ひとりについて説明してくれた。彼女が嫌いな人がいれば、ここで私から言おう。でも、彼女はみなさんを尊敬しているよ」。また笑いを誘ったが、トランプのメッセージは明白だった。米国に国連予算の最大拠出国であり続けてほしいなら、米国に安保理で協力せよ——。トランプ政権が掲げる「米国第一」の国連版だった。

ニューヨークの二八日午前、安保理公式協議の議場で一五理事国の代表が席に着いた。北朝鮮の核・ミサイル問題に関する閣僚級会合が始まった。

冒頭、事務総長グテーレスが状況を説明した。韓国出身の潘基文の後任として、一七年に就任したばかりの元ポルトガル首相は、四半世紀近い国連の試行錯誤を振り返るところから始めた。

「朝鮮半島情勢は国連にとって最も長く深刻な懸案の一つだ。一九九三年、安保理は北朝鮮の核問題で最初の決議を出し、核不拡散条約(NPT)からの脱退表明をした北朝鮮にやめるよう促した。その後二四年間の努力にも関わらず、いまだ解決されていない」

「二〇一六年一月以来では、北朝鮮は二度の核実験と三〇発以上の弾道ミサイル発射を行っている。加速する核・ミサイル開発に対し安保理は一一回の緊急会合を開き、二つの制裁決議を出した」

ＮＰＴの下で原子力の軍事転用を監視する国際原子力機関（ＩＡＥＡ）からの報告も次々と紹介した。北朝鮮に入れず、核関連施設への査察をできないままでいること。衛星画像による監視は続いており、核兵器の原料となるプルトニウムを作る原子炉や、遠心分離機で濃縮ウランを作る施設の活動と一致する痕跡を見つけたこと。核実験場では準備が整った状態を保っているとみられること――。

グテーレスは、北朝鮮が三日の国連軍縮委員会に対する声明で、世界の核軍縮を唱えながら、「核武装に向かうことは我が国の政策だ」と表明したことを紹介した。過去の安保理決議に違反して核・ミサイル開発を続けていることを強く非難しつつ、安保理に対して訴えた。

「この地域での誤算と誤解による軍事的エスカレーションを恐れる。紛争を避け持続的な平和を達成するため行動する必要がある。対話の再開を探るため、安保理には制裁から対話まで重要な手段がある。私はいかなる形でも協力する」

そして、前国連難民高等弁務官として、人道問題への言及も忘れなかった。

「北朝鮮で活動する国際ＮＧＯと国連の一二機関が、今年は人口の半分にあたる一三〇〇万人の差し迫った必要を満たすため一億一四〇〇万ドルを必要としている。北朝鮮当局にも、深刻な人権状況に対処し、生活環境を改善するために国際社会と協働するよう求める」

一五理事国が順に発言した。最初は議長国の米国だ。議長のティラーソンは「事務総長の報告に感謝する」と述べると、「それでは米国務長官として発言したい」と切り出した。

「力による平和」を強調した米

閣僚級会合が始まった直後、朝鮮半島で牽制するかのように北朝鮮が弾道ミサイルを放った。米韓合同軍事演習が始まって二カ月近くになっていた。

米国は、一〇日前にこの閣僚級会合を呼びかけた書簡の中で「北朝鮮は弾道ミサイルを地域内や大陸間で核攻撃に使うと公言し、一七年も核開発を続け先制攻撃を宣言した」と指摘。朝鮮労働党委員長の金正恩は、その年の元旦に放映された朝鮮中央テレビでの新年あいさつで、大陸間弾道弾（ＩＣＢＭ）の開発は「締めくくりの段階だ」とし、米韓合同軍事演習をやめない限り核兵器などによる先制攻撃能力を強化すると述べていたのだ。

最初に発言した米国務長官のティラーソンは、「戦略的忍耐の政策は終わった。これ以上の忍耐は核保有国としての北朝鮮を認めることになるだけだ」と訴えた。

オバマ前政権がとった「戦略的忍耐」は、北朝鮮に対し圧力として軍事力行使の選択肢は強調しない一方で、非核化へ動かなければ対話にも応じないというものだった。

だが、ティラーソンは自国の前政権の対応について「〝国際社会〟は長い間……」とひとくくりにして語った。「……北朝鮮に対し受け身の姿勢だった。この最も切迫した安全保障の問題でいま行動しなければ、世界に壊滅的な結果をもたらす」

そして、新たなアプローチで北朝鮮に外交的、経済的な圧力を強めるため、「三つの行動を今日から始めよう」と呼びかけた。過去六度の制裁決議の徹底、外交関係の停止か格下げに加え、「金融的にさらに孤立させる」として、北朝鮮の違法な活動を支える第三国の企業や個人への制裁に言及した。

さらに、トランプ政権が掲げる「力による平和」を強調した。「今後の挑発に対応するすべての選択肢が机の上にある。外交や金融でのテコの力は、北朝鮮の攻撃に軍事力で対抗するという意思が支える」

オバマ政権の「戦略的忍耐」からのもう一つの変化が、中国への姿勢だった。対北朝鮮政策で中国の影響力を重視する姿勢は変わらない。四月上旬のトランプ・習近平による初の首脳会談では、オバマ前政権と同様に米中間に経済や安全保障で対話の枠組みを立ち上げ、北朝鮮問題も主要テーマに据えた。

だが、オバマ政権が米中対話や安保理で中国を立てながら水面下で妥協を探ったのに比べ、トランプ政権は中国の責任をあからさまに唱えた。

会合中の北朝鮮の弾道ミサイル発射について、トランプは「(習)国家主席をばかにした。悪いことだ」とツイート。米国が求めた公開の閣僚級会合では、ティラーソンが「北朝鮮の貿易の九割を占める中国の比類なき役割」を強調した。

ティラーソンは「米中では北朝鮮問題でとても生産的な意見交換をしており、さらなる行動を起こしたいと考えている」と北朝鮮への圧力行使で連携をアピールした。
しかし、中国の主張はまったく異なっていた。

対話を求める中ロ

中国からは外相の王毅(ワンイー)が出席した。「北朝鮮の核保有に反対する中国の立場は揺るぎない」として「最近の朝鮮半島で高まる緊張への懸念が国際社会に広がっている」と述べた上で、「安保理決議の完全な実施」を訴えた。それは圧力よりも、対話の実現を意味していた。

北朝鮮は四半世紀にわたる国際社会の「対話と圧力」にもかかわらず、核・ミサイル開発を進め、「核保有国」と宣言するに至った。どうしてこうなり、今後どうすべきなのか。王は、中国が議長国を務めてきた北朝鮮の非核化に関する六者協議の経緯を軸に語った。

「対話と交渉がある時は、朝鮮半島は安定している。六者協議は〇三年に始まり、北朝鮮の核放棄と半島の平和への道筋を示す共同声明を〇五年にまとめ、その重要さから以降の北朝鮮に関するすべての安保理決議で再確認されてきた」

「だが、〇八年に六者協議が止まってから半島情勢は徐々に制御が効かなくなり、四度の核実験と何十発ものミサイル発射を行った。だから全ての関係国に、安保理決議の要請をふまえ、対話に向けさらに努力してほしいのだ」

王は、朝鮮半島と隣り合う中国は地域の安定のためにたゆまぬ努力をしてきたと述べつつ、

「半島の核問題を解く鍵が中国の手中にあるわけではない」と米国の中国頼みを牽制し、対話再開へ「二つの凍結」を提案した。北朝鮮の核・ミサイルに関する活動の停止と、米韓の大規模合同軍事演習の停止だ。

そして「とりわけ直接の当事者である北朝鮮と米国に対話を求める」とし、危機は好機でもあるという中国のことわざを引いて訴えた。「中国から見れば、今がまさに対話の再開を真剣に考える時だ」

トランプ政権に対し、ロシアはさらに辛辣だった。外務次官ガチロフは「北朝鮮の行動は不適切だが、軍事力行使の選択肢は決して受け入れられない。朝鮮半島と東アジアに壊滅的な結果をもたらす」とティラーソンに反論した。

米国は四月六日、ロシアが支援するシリアのアサド政権が内戦で化学兵器を使ったとして巡航ミサイルで攻撃。大統領プーチンは、トランプ政権の軍事力行使のハードルの低さを危ぶんで、「軍事面では信頼の水準は下がっている」とテレビ局のインタビューで懸念を示していた。

ガチロフは、実施中の米韓合同軍事演習や、そこへ米国が米空母を差し向けたことも批判した。「北朝鮮は直接の脅威を感じる限り、核保有を諦めないだろう。米国と同盟国による定期的な大規模演習はそう見られているのだ」

軍事力行使を否定しないティラーソンの呼びかけに、各国の反応は分かれた。米国はこの会合で、北朝鮮の核実験や弾道ミサイル発射が続くなら経済制裁を強めることを確認しようとしていた。日本は外相の岸田文雄が「さらなる挑発にはより重い決議で望むべきだ」と応じたが、同様の意見は、一五理事国のうち米日英仏伊とウクライナの六カ国。中ロとボリビアは慎重で、「二つの凍結」を推した。

核を捨てた国々

核実験や長距離弾道ミサイル発射のたびに安保理決議が重なり、範囲を広げた経済制裁は一一年間に及んでいた。どうすればいたちごっこを抜け出せるのか、制裁の実効性をいかに高めるかもこの会合の論点になった。

安保理メンバーからなる北朝鮮制裁委員会の委員長を務めるイタリアは、国連加盟各国との会合を地域別に開いて決議実施を支援している取り組みを紹介した。それでも、四度目の核実験に対する一六年三月の制裁決議について、その後一年間で実施を安保理に報告したのは七六カ国で、全体の四割にとどまっていた。報告が芳しくない中東・アフリカ地域から非常任理事国に選ばれているエジプト、エチオピア、セネガルは、「実施に努めている」と説明した。

岸田は「日本は東南アジア各国で制裁の能力構築支援を積極的に進めている。どの国も抜け穴になってはいけない」と強調。「北朝鮮の政権は人々の福祉を犠牲にして核・ミサイル開発を追求している」と述べ、金正恩政権に政策を変えさせるために資金源を絞る包括的な制裁が必要だと訴えた。

これは、五度目の核実験を受けた一六年一一月の決議で、日米韓が主張した論理そのものだった。その決議に米中交渉の末に盛り込まれたのが、北朝鮮の主要産品である石炭の輸出に対し年間の上限を設けることだった。最大の輸出先の中国も厳しい姿勢を取り始め、一七年分の輸入停止を二月一八日に早々に発表。すると北朝鮮メディアは「親善的な隣国だと言っている周辺国」の「非人道的な措置」を批判し、核・ミサイル開発を続けると主張していた。

これを踏まえてロシアのガチロフは、制裁の強化・拡大に懸念を示し、「制裁が北朝鮮を窒息させ、人道的な状況を悪化させせてはならない。核計画とは関係ない分野まで対象になり、国連の人道支援機関の報告にある生活水準悪化の原因になっている」と語った。

非常任理事国には、かつて核兵器を持っていた国もいた。カザフスタンとウクライナは、米国との冷戦の末に崩壊した旧ソ連からロシアと別れて独立する際、ともに核を捨てた。

カザフスタン外相のアブドラマノフは「世界で二番目に大きな核実験場を閉鎖し、四番目に多い核兵器を捨てたことは国の誇りだ」と述べた。北朝鮮に「非核化が発展への唯一の道だという実例がわが国だ。同じ選択を求めたい」と呼びかけ、関係国には「軍事的エスカレーションが進まないように思慮深く行動を」と求めた。

一方、ウクライナの国連大使エルチェンコは「野蛮な国際法違反を止められるのは安保理の断固とした措置のみだ」と強硬だった。同じ文脈で、自国のクリミアを一四年に併合したロシアを「ある常任理事国による国際的義務への野蛮な違反」と批判した。

ウクライナの独立に際して、ロシアは、核放棄と引き換えに領土保全を約束していた。エルチェンコは「国際社会には一体となって国際法への尊敬を回復する責任がある。北朝鮮問題はその試金石となる」と訴えた。

モザイク状の国際社会の写し絵でもある安保理は、トランプ政権が望むように一色には染まらなかった。二時間に及ぶ会合の最後に、議長として締める立場にあるティラーソンは、一五理事国の外相や陪席する国連大使らに向け、「米国務長官として」改めて強く出た。「北朝鮮への圧力の行使に加わるよう求める。行動しなければ、過去と将来の制裁決議に対するあなた方の投票を貶めることになる」

そして、「北朝鮮が安保理の諸決議に従い、核計画を終わらせるという自身の約束を果たすという誠実な姿勢を示した時に限り、米国は対話に応じる。制裁は緩めない」と語った。

米国務省の元幹部は「トランプ政権はオバマ政権の戦略的忍耐を批判するが、結局やっていることはほとんど変わらない」と話す。違いは最後の手段として軍事力をアピールすることだけともいえた。

火星12の発射

二〇一七年五月一四日、日曜の午前、防衛相の稲田朋美は、東京・永田町の首相官邸と市谷の防衛省を慌ただしく行き来していた。この日の早朝、北朝鮮の弾道ミサイル「火星12」は約三〇分間飛び、縦長の放物線を描いて日本海へ落ちた。米軍の早期警戒衛星や、日本海に展開する海上自衛隊のイージス艦のレーダーなどが追尾していた。発射を受け、首相官邸では国家安全保障会議（NSC）が断続的に開かれていた。

その合間に、稲田は防衛省のロビーで記者団に語った。「新型ミサイルの可能性がある。高度が二〇〇〇㎞を超えたのは初めてだ」

問題は、飛距離よりも高度だった。角度をつけて打ち上げる「ロフテッド軌道」で、あえて日本海に落とす。通常の角度で撃った場合の飛距離に直すと四〇〇〇㎞を超えており、冷戦期の米ソ間の大陸間弾道弾（ICBM）の五五〇〇㎞へじわりと近づいていた。

この発射は、北朝鮮の核・ミサイル問題で国連安全保障理事会が異例の閣僚級会合を開いた四月二八日に続くものだった。北朝鮮が反発していた米韓合同軍事演習は三〇日に終わっていた。安保理は五月一五日、二回の発射を「安保理への挑発的反逆」と非難し、「制裁を含むさらに重大な措置をとる」と警告する報道向け談話を出した。

日米韓の国連大使が一六日に開いた共同記者会見で、米国のヘイリーはこう語った。「国際社会に問う。北朝鮮か我々か、どちらを支えるかだ。我々は制裁を強めたい」。そして独自制裁に言及した。「米国は北朝鮮を支える第三国の団体に制裁をかける。北朝鮮を支えることは国際社会に背くことだからだ」

五月二一日、北朝鮮はまた日本海へ弾道ミサイルを撃つ。二六日からのイタリア・シチリア島でのG7(主要七カ国)首脳会議に先立つ五〇分間の日米首脳会談で、トランプは、北朝鮮問題に半分以上を費やし、G7でも議論を主導した。二〇一六年の五度目の核実験以来、安倍が使ってきた「新たな段階の脅威」という言葉が、G7首脳宣言に書き込まれた。

北朝鮮は二九日にも日本海に弾道ミサイルを落とす。米国防総省はICBMを想定した初の迎撃実験に成功したと三〇日に発表し、「空母二隻が西太平洋で定期の作戦行動を展開している」と明らかにした。

四月に続き、緊張が高まった。

ミサイルの性能向上を誇示する北朝鮮に対して、国際社会の結束を示したい米国と、事態のエスカレートを防ぎたい中国。両国の利害が一致した。追加制裁へ米中交渉が進み、六月二日に安保理で七度目の制裁決議が採択された。資産凍結や渡航禁止の対象に北朝鮮の一四人、四団体を加えて計五三人、四六団体とする一方で、新たな制裁項目は設けられなかった。

反発するロシア、揺れる韓国

決議は全会一致だったが、G7からも米中交渉からも外れていたロシアが、採択の場で米国への強烈な不満を述べた。北朝鮮への制裁決議をめぐる議論では、制裁に慎重な中国に同調する役回りが目立っていたが、トランプ政権になってからの明らかな変化だった。

次席大使サフロンコフは、過去の決議にもある「北朝鮮は核以外の大量破壊兵器も捨てるべきだ」という表現をあえて疑問視した。金正恩の異母兄、金正男が二月にマレーシアの空港で暗殺された後、米国務省が「神経剤ＶＸを使った北朝鮮当局による殺人」と指摘し、「北朝鮮の化学兵器」への批判を強め始めていた。サフロンコフは、その批判がこの決議と結びつけられることを牽制した。

「米国が、「大量破壊兵器がある」というウソをついてイラク戦争を始めたことを忘れてはならない。現段階で北朝鮮が化学・生物兵器を開発している証拠はない。証拠をどこかの国が持っているなら調べようじゃないか」

米国の独自制裁にも反発し、「ロシアの企業三社と一人を対象にしたことに困惑し、深く失望する」と表明した。北朝鮮への核・ミサイル開発や石油などの輸出に関わったという理由で米国は制裁を前日に発表し、ロシアが抜け穴になることへの警戒をあらわにしていたのだ。サフロンコフは「制裁のスレッジハンマーを打ち下ろす最近のワシントンの決定は、朝鮮半島の事態の解決に役立っていない」と述べた。

さらに「政権交代後の米国はロシアとの懸案を処理するどころか、非友好的な方向へ踏み出しており、二国間関係の正常化や国際問題での協力を難しくしている」とトランプ政権への不満を隠さなかった。米国は、ロシアのクリミア併合に対する制裁を続けつつ、ロシアが支援するシリアのアサド政権を化学兵器を使ったとして攻撃しており、北朝鮮問題でも、北朝鮮にとって中国に次ぐ貿易相手国であるロシアを独自制裁の対象にしていた。

サフロンコフは「朝鮮半島の緊張は、平壌のせいだけではない。北東アジア以外の国の軍事活動の増加とも関係している」とも述べて米軍の動きを批判した。この日、大統領プーチンが同趣旨をサンクトペテルブルクの国際会議で語っていた。「暴力の論理が幅をきかせるうちは、北朝鮮のような問題が今後も起きるだろう。小国は、独立と主権を守るために核兵器を持つ以外にないと考えているのだ」

北朝鮮問題で米国と相対してきたのは中国だが、ロシアも前へ出てきた。中国は連携するが、旧ソ連当時に激しく国境を争った隣国の真意をいぶかる声もある。華東師範大学冷戦国際史研究センター研究員の李丹慧（リダンフイ）は「北朝鮮を旧ソ連当時に原子力研究で支援したロシアが、核・ミサイル問題を使って東アジアで影響力を保とうとしている」とみる。

一方で韓国代表の発言には、自国の政権交代に伴う北朝鮮への姿勢の揺れが現れた。大統領朴槿恵が権限を乱用し知人に便宜を図ったとして弾劾裁判で罷免され、五月に前倒しされた大統領選で文在寅（ムンジェイン）が当選した。三代前の大統領だった故盧武鉉（ノムヒョン）とは「人権派弁護士」仲間で、その盧武鉉以来九年ぶりに、北朝鮮との対話を重視する政権が生まれていた。

朴政権の外相だった尹炳世が四月二八日の安保理閣僚級会合に出席した際は、「二〇世紀にはナチスの野心を抑えられず第二次世界大戦を招いた。北朝鮮の度重なる挑発に対応せねば平壌の欲望は増すばかりだ。六度目の核実験かＩＣＢＭ発射で形勢は逆転してしまう」と、ナチス・ドイツを引いてまで北朝鮮への危機感を訴えていた。

ところが、文政権発足後の六月二日に安保理で追加制裁決議が採択されたこの場で、政権をまたいで国連大使を務めることになった趙兌烈(チョテヨル)は、発言に抑制を効かせた。「制裁の目的は北朝鮮を非核化への対話に引き戻すことだ。北朝鮮が新たな南北関係を築くためにこのチャンスをつかむよう、切に願う」

第13章　エスカレーションは止められるか

二〇一七年

ICBM級「火星14」を発射

ホワイトハウスの西棟一階、米大統領執務室に近い一角に、元大統領報道官ジェームズ・ブレイディの名を冠した記者会見室がある。ブレイディは一九八一年、ワシントンでのレーガン大統領暗殺未遂事件で狙撃されて半身不随となり、その後は車いすで国内の銃規制活動に努め、二〇一四年に七三歳で亡くなった。

一七年六月二九日、その部屋で、大統領トランプの国家安全保障担当補佐官、陸軍中将のマクマスターは記者団を前に語った。「米国に届く核兵器を持ち、米国を標的にできるような北朝鮮の政権は許せない。大統領はそう言っている。とにかく許せないんだ」

七月上旬にドイツで行われる主要二〇カ国・地域(G20)首脳会議に向けた説明の場だった。北朝鮮と関係の深い中国に首脳会談でどう対応を迫るかを問われたマクマスターは、「朝鮮半島の非核化へは、まだまだやることがある」と答えた。米政府はこの日、核・ミサイル開発に関わる北朝鮮企業の資金洗浄をしていた中国の銀行に初めて制裁を科したと発表した。

数日経った米独立記念日の七月四日、北朝鮮は弾道ミサイル・火星14を発射した。一一年前、北朝鮮は、やはり七月四日に弾道ミサイルを発射して、国連安全保障理事会による初の非難決議を招いたが、当時に比べ性能は格段に向上していた。五月の火星12と同様の高角で打ち上げるロフテッド軌道で、過去最高の二五〇〇km超まで上がり、発射角度を変えれば最大射程は五五〇〇km超と、冷戦期の米ソ間の大陸間弾道弾（ＩＣＢＭ）に匹敵するところまで来ていた。

また、発射台もかつての固定式から移動式車両に変わり、発射の兆候をつかむのはきわめて難しくなった。

北朝鮮からだとハワイの米太平洋軍司令部に届くかどうかの射程ではあったが、国務長官ティラーソンは四日に「米国は北朝鮮のＩＣＢＭ発射を強く非難する」と声明を発表し、「ＩＣＢＭ実験は米国と同盟国、そして世界への新たな脅威だ」と強調した。

五日の朝、朝鮮中央通信は今回の発射で落下した弾頭が大気圏再突入に成功し、爆発装置が正常に作動したと伝えた。本当なら大量破壊兵器完成に向けた重要な進展だ。これに対抗して韓国では午前、米韓両軍の演習で初めて弾道ミサイルが放たれた。

四日の発射後、ニューヨークでは別所浩郎、ニッキー・ヘイリー、趙兌烈の日米韓の国連大使がすぐ連絡を取り合い、安保理の緊急会合開催を求めた。

一七年の前半に米韓で政権交代があり、前後して国連大使も替わっていた。別所は三カ国の結束が揺るがないよう努めた。韓国で第二外務次官当時に歴史認識問題で日本に厳しい発言を重ねた趙とは、前駐韓大使だった経験も生かして関係を築いた。

米サウスカロライナ州知事だったヘイリーは大統領選でトランプを支持し、国連大使に指名された。一月に米議会で開かれた人事承認の公聴会で、国連予算の二割を賄う最大拠出国として「見返りが得られているのか」と発言。就任あいさつで日本の国連代表部を訪れて以来、別所は丁寧にやり取りを重ねていた。

この緊急会合を、日米韓の大使は「安保理として効果的にメッセージを発するため」として異例の公開とするよう主張した。北朝鮮の核・ミサイル問題での緊急会合は、各国の立場の違いや機微な情報をふまえ対応を探る出発点となるため、ほとんど非公開だ。しかもこの時点で、日米韓は一五理事国の足並みをそろえる根回しをしていない。

トランプ政権の北朝鮮問題での安保理への向き合い方は、四月に米国主導で閣僚級会合を開いた時のように、交渉前に踏み絵を迫るものだった。ヘイリーは就任時に「米国を支持しない国を銘記し、それなりの対応をする」とも語っていた。日本の外務省には、緊急会合を公開することで中ロとの亀裂があらわになって合意形成が遅れることへの懸念もあったが、米国との連携を優先した。

結束よりも亀裂

七月五日午後、緊急会合は公開で始まった。最初に発言したヘイリーは、トランプが「残忍な北朝鮮の直近の犠牲者だ」と悼んだ、「ある大学生」の話から入った。

米バージニア大のオットー・ワームビアは、二〇一六年に観光で訪れた平壌のホテルで、政治的スローガンが書かれた物を盗んだとして、国家転覆陰謀罪で労働教化刑一五年の判決を受けた。一年半の拘束の後に解放されたが、昏睡状態で帰国後、一七年六月に死亡した。

ヘイリーはこう語った。「オットーは、北朝鮮の政権に殺され、拷問され、人権を奪われた数百万人の一人だ。米国人にとって無実の人の死は数百万人の死に値する。すべての男女は神の分身だからだ」。そして、四日の発射に結びつけた。「昨日のエスカレーションを憂慮する。北朝鮮はオットーにしたのと同じ野蛮な行為を、より大規模にやりかねないからだ」

「軍事力を含むあらゆる手段をもって、米国と同盟国を守る」とヘイリーは述べつつ、「我々には貿易という手段がある。大統領と今朝長く話した」として、経済制裁を強化する安保理決議案を近く示すと語った。

さらに「我々が結束すれば、北朝鮮の外貨収入を大幅に絞り、軍や核計画に石油が流れるのを止め、海空の交易をさらに制限できる」と説明し、「これまでの制裁は北朝鮮を変えるのに不十分だった。昨日のＩＣＢＭに対し、外交・経済的な対応をエスカレートさせないといけない」と訴えた。

新たな決議で追加制裁をすべしと訴えたのは、米英仏日など六カ国だった。英国大使のライクロフトは「北朝鮮は今回のＩＣＢＭ発射によって、より多くの国に直接の、世界中に間接の脅威を与えようとしている」と強調。日本の次席大使川村泰久は「今は対話の時ではないことが一層明らかになった」と語った。

だが、日米韓が公開で求めた緊急会合であらわになったのは、結束よりも亀裂だった。七月の安保理議長国は中国だ。ＩＣＢＭ級の発射があった四日に、ちょうどモスクワで国家主席習近平と大統領プーチンの首脳会談があり、スタンスをロシアとすりあわせ済みだった。議長の中国大使劉結一は緊急会合開催へ速やかに調整を進めた。

中ロ首脳会談では「善隣友好協力条約に基づき、国際情勢がどのように変化しても、核心的利益を守るための努力を互いに支え合う」と確認していた。この条約は〇一年にプーチンと当時の国家主席江沢民が署名し、長さ四〇〇〇㎞を超える中ロの国境問題の解決につながった。プーチンは、自身の長期政権で中ロ関係の土台となった条約をふまえ、Ｇ20でのトランプとの会談を前に、習と北朝鮮問題への対応も話し合っていた。

ロシアの次席大使サフロンコフは、首脳会談後に発表された中ロ外相共同声明に沿って、自国の主張を述べた。北朝鮮の今回の発射を非難しつつ、エスカレートを避けるよう関係国に自制を求め、解決に向けた「中ロ共同構想」を説明した。

その大枠はこうだ。中国が提案している「二つの凍結」、つまり北朝鮮による核実験と弾道ミサイル発射の停止と、米韓による大規模合同軍事演習の停止をまず実施する。その上でロシアの提案に沿い、「武力の不行使」「平和的共存」といった一般原則の確認から対話を始め、非核化の具体的な協議へと段階的に進む、というものだ。

トランプ政権になって、米国批判を強めるロシアの姿勢も明瞭だった。サフロンコフはヘイリーに反論し、「敵意を強めるいかなる声明や行動も拒否する。北朝鮮を経済的に窒息させるのはおかしい。人道支援を切に求める数百万の人々がいる」と指摘。そもそも発射されたのはＩＣＢＭでなく「ロシア国防省によれば中距離弾道ミサイルだ」と語った。

○六年以降、北朝鮮に核実験と弾道ミサイルの発射を禁じた安保理決議への違反が繰り返されるたび、安保理は緊急会合を開いてきた。今回の対応では、どこがいかに主導権を握るのか。非公式協議で行われてきた国益のぶつかり合いが公開の場で露呈した。

何も諮らずに散会

一五理事国の国連大使らの最後に、議長国の劉が発言した。

劉もサフロンコフと同様、北朝鮮との対話再開に向け打ち出された中ロ共同構想への賛同を呼びかけ、エジプトとボリビアが支持を表明した。北朝鮮の弾道ミサイルへの対応を理由にした在韓米軍への高高度迎撃ミサイルシステム・ＴＨＡＡＤ（サード）配備にも、劉はロシアとともに反対を表明した。そして、「中国はこの地域での混乱と紛争に断固反対し、軍事的な選択肢を認めない。ＴＨＡＡＤ配備は即座に中止すべきだ」と求めた。

議題に関係の深い国として出席した韓国は、そのＴＨＡＡＤをめぐり難しい立場に置かれていた。

新大統領の文在寅は、朴槿恵前政権で決まった配備計画の見直しを大統領選で公約していた。五月の就任直後に「中国と十分協議していなかった」とも発言。朝鮮労働党委員長金正恩との会談を探る考えもあり、六月三〇日にホワイトハウスで行われたトランプとの初会談では、韓国の要請でＴＨＡＡＤを議題から外していた。

ところが七月四日に今回の発射があり、北朝鮮は「世界のどの地域も打撃できる最強のＩＣＢＭを保有する核強国」と宣言した。安保理で韓国の趙兌烈は「韓米首脳会談の数日後の発射に深く失望した」と述べ、文政権発足早々にもかかわらず「新たな南北関係を築くためのチャンスはこれが最後だ」との表現で、北朝鮮に自重を求めざるを得なくなっていた。

発言が一巡し、ヘイリーがサフロンコフに反論した。四日の発射は中距離弾道ミサイルだという指摘に対し、「ロシア以外の世界中がＩＣＢＭと考えている。根拠を喜んで示す」。追加制裁決議への反対については「北朝鮮と友達でいたいのなら拒否権を使うべきだ。制裁に反対する者は金正恩の手を握っている」と批判した。

サフロンコフは「安保理は過去の諸決議で政治的な努力も求めている。それこそ我々がこれからなすべき仕事だ。制裁が万能薬でないことは歴史が示している」と返した。

北朝鮮の核実験や弾道ミサイル発射のたびに非公開で開かれてきた緊急会合では、激しい応酬があっても、議論を報道陣にどう説明するかや今後の運びも話し合った。だが、公開となった今回は、開始から八〇分、主張が飛び交った後、議長の劉が何も諮ることのないまま終わった。

トランプのいらだち

直後の七月七、八日、ドイツ・ハンブルクで主要二〇カ国・地域(G20)首脳会議が開かれた。トランプが離脱を表明した地球温暖化対策の国際的枠組み「パリ協定」について、米国以外で結束して取り組む首脳宣言が採択される一方で、北朝鮮問題への言及はなかった。米ロ首脳会談では、一六年の米大統領選へのロシアのサイバー攻撃の有無をめぐって応酬になり、米中首脳会談では全般的な連携の確認にとどまった。

米国の孤立が浮き彫りになる中で、トランプ政権下で初めて開かれた四月の米中首脳会談から一〇〇日となる七月一六日が過ぎると、トランプの不満が強まってきた。首脳会談では、一〇〇日で北朝鮮問題について成果を出すと合意していたが芳しくない。北朝鮮と関係の深い中国の動きが鈍い――。トランプは、いらだちを二九日にツイッターでぶちまけた。

「中国には本当にがっかりだ。過去に我々の愚かな指導者たちは貿易で年何千億ドルも稼がせて来たが、中国は我々のために北朝鮮に対し何もしない。口だけだ。もう許せない」

二八日の金曜深夜にまた弾道ミサイルが撃たれていた。北朝鮮は四日に発射した火星14の第二次試験だと発表した。高度はさらに伸びて三五〇〇kmを超え、日本海に落ちた。複数の専門家が最大射程を米本土へ届く約一万kmと推定し、ICBM級と指摘した。

これに対抗して在韓米軍は、二九日、韓国軍と共同で、四日の発射翌日と同様に弾道ミサイルの射撃演習をした。また、米空軍は日本、韓国と訓練を実施。グアム基地からB1B戦略爆撃機二機が出動し、日本の空域で航空自衛隊のF2戦闘機二機と飛行し、朝鮮半島上空では韓国空軍のF15戦闘機四機と合流した。米太平洋空軍司令官オショーネシーは「同盟国と米国のために最悪の事態に備える」と表明した。

同様の共同飛行訓練は四日の発射後にも行われ、ともに公表された。トランプ政権で北朝鮮に対したびたび行われるようになった柔軟抑止選択肢(FDO)の一環だ。安倍は、米空母二隻が六月に日本海で異例の展開をしていたこととあわせ、「今までにない日米同盟の絆の強さを示している」と強調した。

八度目の制裁決議

この週末、ニューヨークの米国連代表部には安保理の各理事国から「三一日の月曜に緊急会合を求めるのか」という問い合わせが相次いだ。だが、ヘイリーは動かず、三〇日に声明を出す。「緊急会合が何も生まないのなら意味はない。新たな決議が北朝鮮への国際的な圧力を確実に増すものでないのなら価値はない。中国は決断すべきだ。話し合いの時間は終わった」

日米両首脳は三一日に電話で協議した。トランプが中国への不満をツイッターに書き込んだことを話すと、安倍は読んだと伝え、「日米双方にとって北朝鮮の脅威は格段に増した」と語った。トランプは「米国の日本防衛への誓約は揺るぎない」と述べた。

安倍は首相官邸のロビーに現れ、記者団に語った。「北朝鮮は国際社会の平和的な解決への努力をことごとく踏みにじり、一方的にエスカレートさせてきた。中ロをはじめ重く受け止め、さらなる行動を取らねばならないということで大統領と完全に一致した」

だがその日、中国の国連大使劉結一は七月の安保理議長任期を終える記者会見で、「事態を正しい方向へ動かす主な責任は北朝鮮と米国にある。中国ではない。中国の努力が実を結ぶかどうかは米朝次第だ」と反発した。

水面下で安保理決議を探ってきた米中交渉が行き詰まったかに見えたが、米国務長官ティラーソンが軌道修正を図る。就任半年を迎えた現状についてということで八月一日、ワシントンの国務省で異例の記者会見を開いた。冒頭発言で「現状の責任は中国にではなく、北朝鮮にあることは明らかだ」と述べ、こう語った。

「我々は北朝鮮に対し、体制変革を求めない。金政権崩壊を求めない。南北朝鮮の再統一加速を求めない。北緯三八度線から北へ米軍を送る口実を求めない」。後に中ロが安保理で米国に繰り返し確認を求めることになる「四つのＮＯ」だ。

記者が「大統領はツイッターで中国にとても批判的だ。米国の外交方針との矛盾をどうするのか」と突っ込んだ。ティラーソンは「外交では予期せぬ事が多く起きる。大統領がどのような手段で何を言おうと、それは我々が適応すべき一つの情報だ」とかわした。

米中ロが妥協し、五日に安保理は北朝鮮に対する八度目の制裁決議を採択した。前回までの決議で年間輸出に上限を設けた主要産品の石炭をはじめ、鉄鉱石、鉛、海産物を全面禁輸とした。米国が懸念している北朝鮮の出稼ぎ労働者による外貨獲得への規制も強め、労働者受け入れ枠の増加を国連加盟国に禁じた。

二度の発射がＩＣＢＭかどうかは米ロの見解の違いをふまえ、「北朝鮮がＩＣＢＭと宣言した発射」とし、「米国に北朝鮮を攻撃、侵略する意図はない」との〇五年の六者協議共同声明も再確認した。中ロの国連大使は採択の場で、ティラーソンの「四つのＮＯ」を米国が守るよう念を押し、北朝鮮の核・ミサイル開発と米韓合同軍事演習を同時に停止して対話につなげる両国の提案を改めて強調した。

ヘイリーは「米国と同盟国を守るため演習は続ける」と拒み、「まだまだ圧力が足りない。核を持つ無法な独裁政権は存続している」と訴えた。一五理事国で全会一致の決議採択をもたらした結束は薄氷だった。それを自らのツイートで踏み割りかねなかったトランプは、「一五―〇はベリーハッピーだ」とツイートした。

核兵器禁止条約に参加しない「被爆国」

北朝鮮の弾道ミサイルへの対応をめぐり国連安全保障理事会でつばぜり合いが続く中、日本は戦後七二年目の慰霊の夏を迎えていた。八月初め、被爆地広島と長崎での平和式典に向けた国連事務総長グテーレスのメッセージを携え、軍縮担当の事務次長中満泉が日本を訪れた。日本人女性で初めての国連事務次長に就き、三カ月になっていた。

この間に中満が腐心したのが、七月に国連で採択にこぎ着けた核兵器禁止条約をめぐる調整だった。前年一二月の国連総会決議に基づき交渉が三月末に開始。原案は、「核兵器の全廃こそ再び使われないことを保証する唯一の方法」とし、使用や実験、取得、移転までを幅広く禁じていた。

国連加盟国の反応は割れた。交渉はメキシコやオーストリアなどの非核保有国が主導。これに対し、核保有国や、米国の「核の傘」の下にいる日韓などほとんどの同盟国は交渉に参加すらしなかった。

世界に核兵器は存在する。使おうとする国、脅そうとする国は核兵器禁止条約に入らず、逆に条約に入った国は核の脅威に対して丸裸になるだろう。また、核兵器による報復を恐れる国々が攻撃をためらうことで、戦争が抑止されている。そうした現実を見ないこの条約は理想主義に傾いており、危うい。これが核保有国や同盟国の言い分だ。

核軍縮のための核兵器禁止条約が、かえって国際社会の取り組みを分断しかねない。条約交渉開始とほぼ同時にグテーレスから今のポストに指名された中満はそう考え、舞台裏で動き回った。国連で様々なポストを歴任し、この問題の根深さを承知していた。

核兵器禁止条約を作ろうという動きは、そもそも核兵器を持たない多くの国々の、NPTの「核兵器国」に対する不満から来ている。一九七〇年に発効したNPTは、当時すでに核兵器を開発していた米ロ中英仏だけを「核兵器国」として核保有を認めつつ、誠実に核軍縮交渉をする義務を定めている。その核軍縮が進まないためにNPTへの不平等感が強まり、新たに核兵器開発をする国々が生まれているという不満だ。

この「核兵器国」が安保理を仕切る五常任理事国と重なることが、事態をより深刻にしている。国連憲章で「国際の平和と安全の維持に関する主要な責任」を負うとされた安保理は、核軍縮や核不拡散で本当に責任を果たせるのか。核兵器禁止条約の採択は、多くの国連加盟国が、採択を批判する五常任理事国にそんな挑戦状をたたきつけることになりかねない。

中満は常任理事国に向けて、「核軍縮での特別な責任を目に見える形で果たしてほしい」とたびたび主張した。特に世界の約一万五〇〇〇発の核兵器のうち九割以上を持つロシアと米国に矛先を向けた。

条約制定を推進する交渉参加国の会合にも出向き、内容を「法的に健全で、政治的に賢明で、技術的に先鋭なものに」と求めた。「政治的に賢明」とは、交渉に加わらない反対派もいずれ条約に参加できるよう、「門を閉ざさず敵を作らないような内容に」という意味だと補った。制定推進派の中でもさまざまな立場がある中、ぎりぎりの表現に腐心した。

だが、推進派は七月の採択直前、禁止の項目に核兵器での「脅し」まで含め、抑止力を唱える国々と溝を広げた。採択には国連加盟一九三カ国中、一二四カ国が参加し、一二二カ国が賛成。NPTの「核兵器国」や同盟国、インドやパキスタンなどNPT非加盟の核保有国、そしてNPTから脱退表明をしたまま核開発を進める北朝鮮は、採択に参加しなかった。

条約が採択された七月七日、「核兵器国」米英仏の国連大使は共同声明を出した。「この条約は、七〇年以上も欧州と北アジアの平和の礎であり続ける核抑止政策と両立しない。核兵器を一発も減らせず、北朝鮮の核計画による重大な脅威に何の解決ももたらさない」

八月六日、広島市の平和記念公園。平和記念式典に臨んだ中満はグテーレスのメッセージを代読した。「核兵器禁止条約の採択は世界的な運動の結果です。広島の平和へのメッセージと被爆者の方々の英雄的な努力は、核兵器の使用がもたらす壊滅的な影響を世界に強く印象付け、貴重な貢献をしてきました」

そして「核兵器なき世界は、残念ながらいまだ現実から遠い。核兵器を保有する国々は核軍縮へ具体的なステップを踏む特別な責任を有しています。道筋は一つではありません。私はすべての国々に対し、核兵器なき世界の実現に向け、それぞれのやり方でより一層の努力を尽くしていただくよう訴えます」と語った。

そこにグテーレスと中満が込めたのは、「核兵器禁止条約によって生まれた国家間の対立を解き、核軍縮への取り組みを再構築する」という思いだった。先立つ四日、中満は東京・内幸町の日本記者クラブでの会見で、「国連職員は加盟国の政策に本当はコメントしてはいけないが」としながら、日本への期待も語っていた。

「今回の交渉に入った国にも入らなかった国にも、核軍縮に非常に強い思い入れのある国がある。その中心に唯一の被爆国として日本も存在している。核兵器禁止条約ができた新しい環境で核軍縮をどう具体的に進めていくか。中間の国として橋渡しを主導してほしい。私は日本人なので、日本に特に期待したいと申し上げます」

航空自衛隊司令官の驚き

八月二九日朝、米軍横田基地で航空自衛隊のミサイル防衛部隊の展開訓練があった。在日米軍基地でのこうした訓練は初めてだ。ミサイル防衛を担う空自の航空総隊司令部が、在日米軍司令部のある横田基地に移転して五年。今回の訓練は「深化し続ける日米同盟」の象徴でもあった。

だが、訓練終了後に記者会見に臨んだ航空総隊司令官前原弘昭の表情は浮かなかった。先立つ午前六時前、北朝鮮が北海道上空を越える中距離弾道ミサイル「火星12」を発射。滑走路そばにしつらえられた壇上に並ぶはずだった在日米軍司令官・空軍中将マルティネスの姿はなかった。

「今朝の案件への対応でマルティネス中将が欠席となったのは非常に残念だ」。前原はそう言うと、驚きを率直に口にした。

「まさか本日ミサイルを撃たれるとは。まったく予期していなかった」

ミサイルの軌跡は米国から見れば微妙だった。北朝鮮は八月五日の安保理の追加制裁決議に反発し、南東へ約三四〇〇㎞の米領グアム周辺を狙うと予告。しかし今回は東へ約二七〇〇㎞だった。米国が北朝鮮への軍事行動に踏み切る「レッドライン」に世界が注目する中、トランプ政権は反応に慎重を期した。

発射直後の日本でマルティネスが発言することは控えさせ、約三時間半後に日米首脳が電話で協議した。「北朝鮮に圧力を高める時だ」と語る安倍に、トランプは「米国は一〇〇％日本とともにある」とこれまでと同様に応じた。しかし、米国防総省の広報担当は「今回のミサイル発射は北米にとって脅威ではない」と語った。

日本で驚きを感じたのは、もちろん前原だけではない。発射四分後の午前六時すぎ、東日本の一二道県で防災行政無線から低音のサイレンが響き、約二六〇〇万人に避難を呼びかけた。全国瞬時警報システム（Ｊアラート）だ。

北朝鮮の弾道ミサイルが東へ日本列島を越えるのは二〇〇九年以来で、Ｊアラートの本格運用後は初めてだ。しかも今回は〇九年のように「衛星打ち上げ」としての事前通告はなく、いきなりだった。戸惑った人々からは「呼びかけの範囲が広すぎる」といった苦情も自治体に寄せられた。

日本列島にミサイルが向かってきたら、Ｊアラートをいつ、どの範囲に鳴らすのか。第一報から「建物や地下に避難して下さい」と呼びかけるだけに、影響も大きい。担当する内閣官房はぎりぎりの判断を迫られている。

弾頭が領土・領海を飛び越えそうでも、推進用ロケットなどが落ちる恐れがあるとして鳴らす。発射から落下まで早くて一〇分前後。発射を伝える第一報は避難時間を確保するため早さを優先するが、そのぶん軌道予測の誤差も大きくなる。北朝鮮の技術の未熟さによる「異常飛翔」の恐れも織り込んだ選択が、発射四分後の一二道県への避難呼びかけだった。

軌道予測の情報は自衛隊のレーダー追尾に基づき、防衛省が内閣官房に刻々と提供している。実際の軌道から約七〇〇㎞離れた長野県まで鳴らすＪアラートの運用に、防衛省幹部は「もう少し絞り込めないものか」といぶかる。実際に落下物を迎撃しようと追う場合にはあり得ない守備範囲の広さだ。

実際、Ｊアラートを鳴らす範囲は内閣官房でマニュアル化している。北海道上空を通ったが、東北にも落ちかねなかったとされた今回の場合は、北関東や新潟、長野といった「関連地域」を含む一二道県に鳴らすことになっている。正確に撃ち落とすためではなく、万一の落下に備える危機管理の考え方だ。

北朝鮮の労働新聞が掲載した，中距離弾道ミサイル「火星 12」の発射訓練の写真(2017 年 9 月 16 日，コリアメディア提供・共同)

もし弾道ミサイルが描く放物線の頂点に来るまでJアラートを待てば、落下地点の予測精度は格段に高まる。だが、その数分間の第一報の遅れが、落下物があった場合に周辺の人々の命取りになりかねない。国民への衝撃は政府を揺さぶり、日朝間の緊張を一気に高めるかもしれない。内閣官房幹部は「第一報は正確さよりも速さ。第二、第三報でフォローする」と譲らない。

国連安全保障理事会は同じ八月二九日に緊急会合を開き、その場で議長声明を採択した。決議より一段低い形ながら、弾道ミサイル発射を続ける北朝鮮を「言語道断ですべての国連加盟国への脅威」と強く非難した。北朝鮮は三一日、「今回の発射は米国の侵略前線基地グアムを抑え込む前触れだ」と反論。かつてのように北朝鮮が「衛星打ち上げは宇宙の平和利用」と主張して安保理が対応に迷うことはなく、むき出しのぶつかり合いとなった。

九月一五日午前七時前、北朝鮮がまた「火星12」を東へ撃つ。トランプは、今度は安倍に電話するまでもなくギアを入れる。この日の空軍式典での演説で「米国と同盟国が怯むことはない。我々の国民、国家、文明を、北朝鮮を含む脅威から守る」と語った。ミサイルが飛んだ方向は八月二九日と同じだったが、距離は約三七〇〇kmでグアムまでを超えていた。

日本では発射三分後、前回と同じ東日本一二道県でJアラートの第一報が流れた。空からの攻撃に備えよと警報が繰り返し鳴るのは戦時中以来だ。晴天に恵まれた運動会の開会式で生徒にJアラートへの注意を促す学校も出ている。北朝鮮の核・ミサイル開発を止められなかった四半世紀が、日本にそんな体験をもたらしつつある。

六度目の核実験、九度目の制裁決議

九月三日午前四時半、米大統領トランプは三回のツイートで北朝鮮批判を連ねた。「彼らの言動は米国への敵意と危うさに満ちている」「手を差し伸べるがほとんどうまくいかない中国を辱め、脅威となった」「甘い言葉をかけてもだめだと韓国も気づきつつある」

北朝鮮はこの日、六度目の核実験をしていた。トランプ政権発足後は初めてだ。「ICBM(大陸間弾道弾)に載せる水爆の製造技術を実証するためだ」「核武力完成に向け非常に意義ある契機だ」とする核兵器研究所の声明が発表された。

本当に破壊力の大きな水爆かどうか各国で見方はわかれたが、日本政府は爆発規模を過去最大の一六〇キロトン(TNT火薬換算)と推定。広島型一五キロトン、長崎型二一キロトンを一気に超えた。

北朝鮮はこの核実験を、七月に二度発射したＩＣＢＭ級弾道ミサイルと結びつけて強調した。四半世紀前、核開発は発電用であり凍結させるなら支援をと言って米国と交渉していた北朝鮮が、米国に届く核ミサイルの完成まであと一息と豪語するまでになった。

国連安全保障理事会は今回どう対応するのか。トランプは主導権を握るべく、押しの一手できた。

午前九時すぎに再び二回ツイートする。「ケリー、マティス（両元海兵隊）大将や他の軍の指導者と会う。サンキュー」「米国は他の選択肢に加え、北朝鮮と取引するいかなる国とも貿易を止めることを検討中だ」

ケリーは大統領首席補佐官、マティスは国防長官だ。二人は実際にこの後にホワイトハウスでトランプと協議した。「トランプの日中のツイートはケリーがチェックしている。早朝は怪しいが」というのは、日本の首相官邸でもささやかれるトランプツイートの見方だ。

だとすればこちらのツイートは、トランプ政権の方針として、軍事行動をちらつかせながら強烈な独自制裁の可能性に言及したとみることができる。実際に六日、財務長官ムニューシンはこの独自制裁を実施する大統領令を用意していると記者団に語った。ただし、「安保理で追加制裁の決議が出ないならば」と付け加えた。

その六日、米国は追加制裁の決議案を安保理の各理事国にいきなり配った。北朝鮮の経済封鎖に近い内容だった。国連加盟国に対し、石油精製品や原油といった石油関連の輸出を禁じる条項を新設。禁輸品の疑いがある貨物の公海での検査について、これまでは貨物船が属する国の同意を条件に要請していたが、今回は国連が指定した貨物船であれば強制検査を認めるとした。

さらに米国は、八日、採択を一一日に求めると発表して交渉の期限を切った。

米国の狙いは「北朝鮮の核兵器計画に対する燃料と資金の元をたたく」(国連大使ヘイリー)ことだ。核兵器製造や運搬手段の弾道ミサイルに使われる石油を輸入できないようにし、外貨を得るための北朝鮮からの輸出や出稼ぎをさらに絞る。米国に届く核ミサイルの完成は許さないという姿勢をあらわにした。

だが、そこからの決議案の詰めはこれまで同様、水面下の米中交渉が軸だった。北朝鮮を刺激し朝鮮半島を不安定にすることを避けたい中国には、米国案はとても飲めない。米国も譲歩し、国連加盟国による石油関連の輸出は年間の上限を決めて三割を削減。公海での強制貨物検査の案は引っ込めた。

米国はロシアには冷淡だった。ロシアは、「北朝鮮指導部に圧力をかける制裁はやり尽くされ、これ以上は経済的な窒息と人道的な危機をもたらす」(国連大使ネベンジャ)と主張し、国連事務総長による仲介や、八月にティラーソンが「金政権崩壊を求めない」などと語った対北朝鮮政策の「四つのＮＯ」を決議案に盛り込むよう求めたが、米国は応じなかった。

プーチンは米国批判を強めていた。核実験後の五日、中国・アモイでのBRICS首脳会議後の記者会見で、トランプ政権が北朝鮮と取引するロシア企業を制裁しておきながら「我々に制裁への支援を求めるのはばかげている」と発言。二〇〇三年のイラク戦争に言及して「北朝鮮はよく覚えている。大量破壊兵器開発をやめると思うか」と語り、米国が結局確認できなかった大量破壊兵器を口実にフセイン政権を倒した経緯を蒸し返した。七日にウラジオストクで開かれた日ロ首脳会談で、安倍はプーチンに安保理決議に協力するよう説得に腐心した。

変わらない三角形

冷戦後の一九九〇年代の米国一強状態、二〇〇〇年代の中国の台頭を経て、二〇一〇年代に入りロシアが復権を窺う中で、北朝鮮問題をめぐる米中ロの綱引きが強まっている。核・ミサイル開発への対応をめぐり四半世紀を経ても定まらない三角形の構図が、一一日夜の安保理公式協議での各国大使の討論で、またあらわになった。

米国のヘイリーは「トランプ大統領と習近平国家主席が築いた強い関係がなければこの決議はなかった。両首脳のチームの協力に感謝する」と述べ、ワシントンと北京の緊密な協議があったと披露した。これまでの決議で繰り返された、北朝鮮が弾道ミサイル発射や核実験を続ければさらに重大な措置をとるとする条項を強調し、「平和で外交的な解決は北朝鮮次第だ」と牽制した。

だが、中国の劉結一は「中国は朝鮮半島の隣国であり、いかなる戦争や混乱にも反対する。朝鮮半島での軍備増強と非核化は相いれない」と述べ、在韓米軍への高高度迎撃ミサイルシステム・THAAD（サード）配備に改めて反対。北朝鮮の核問題に関する六者協議再開など対話による緊張緩和も決議で繰り返されていると述べ、米韓合同軍事演習と北朝鮮の核・ミサイル開発の「二つの凍結」を対話につなげる中ロの提言実現を米国に求めた。

ロシアのネベンジャも「二つの凍結」について「この提案を軽んじることは大きな過ちだ。中ロは安保理のテーブルに乗せ続ける」と強調。劉と同様、米国が国務長官ティラーソンの「四つのNO」を守るよう求め、これを米国が決議案に入れることを拒んだことが「我々の心に重大な疑問を生じさせる」として軍事行動を戒めた。

安保理は、この会合で、九度目の制裁決議を全会一致で採択した。メンバー外の関係国として出席した韓国の趙兌烈は「これまでのすべての安保理決議を国際社会が完全に実行すれば、北朝鮮は制裁の真の痛みを感じ、核保有国になるという幻想から覚める」と語った。

北朝鮮の代表はいない。

二〇〇六年の初の核実験に対して初の制裁決議が出た時、「安保理は公平さを完全に失った」として退席して以来、議長の木槌の音が響く制裁決議採択の場に姿を見せていない。

ロケットマン

「ところでロケットマンだが、もっと前に何とかしておくべきだったんだ」

二〇一七年九月二二日、米大統領トランプがアラバマ州の共和党上院議員を応援する集会でこう切り出すと、場内は沸いた。ミサイル発射を繰り返す北朝鮮の指導者をそんなあだ名で呼ぶ米国の指導者を、米国の各メディアのサイトは動画つきで取り上げた。

トランプと同世代のミュージシャン、エルトン・ジョンの一九七〇年代のヒット曲に『ロケットマン』がある。ピアノに乗せたこのバラードは戦争にまったく関係ないが、今も聴き継がれる曲だけに、米国のテレビではバラエティ番組でこじつけられるなどして話題になった。

トランプは聴衆の喝采に少し間を置き、にこりと笑う。北朝鮮が核・ミサイル開発を進めたこの四半世紀、過去の大統領たちは甘かったという批判を続けた。

「(民主党の)クリントン、オバマ……、共和党の事は言いたくないが」と同じ共和党のブッシュの名は出さない。「二五年間ただ平和を平和を、と言い続けた。だから私が何とかする。小さなロケットマンは、巨大な兵器を太平洋上で爆発させると言っている。あなた方は大丈夫だ。危険な目にはあわせない」。また拍手が沸いた。

トランプは一九日、毎年九月恒例の国連総会での各国演説でも「ロケットマンは自殺行為をしている」と批判していた。初めて立つ総会の演壇。大統領選中のようにしきりに手ぶりを交え、「米国と同盟国の防衛を迫られれば、北朝鮮を完全に破壊せざるを得ないだろう」と語った。安全保障理事会だったら国連大使同士で中ロがいさめるところだが、両国首脳は、一七年は総会での演説に参加しなかった。

北朝鮮は激しく反応した。金正恩自ら、朝鮮中央通信を通じて異例の声明を二一日に発表した。「トランプ」と何度も呼び捨てにし、「過去の大統領たちが決してしなかった無礼でばかげた演説だ」と批判。「自分の道は正しいと確信した。宣戦布告に対する史上最高の超強硬措置を真剣に考える」と述べた。「史上最高の超強硬措置」について、国連総会に出席するためニューヨークを訪問中の外相李容浩（リヨンホ）が記者団に示唆したのが、「太平洋上での水爆の地上試験」だった。

こうした米朝の応酬を英ＢＢＣは「War of Words（言葉の戦争）」と伝えた。だが、事態はさらに進んでいる。「米国に届く核兵器を持つ北朝鮮は許さない」と側近に語るトランプの意向をふまえ、米国の独自制裁が具体的な像を結びつつあるからだ。

トランプは二一日に大統領令に署名。制裁の対象となる北朝鮮の企業を核・ミサイル関連からエネルギーや製造業などに大きく広げ、取引をした第三国の金融機関をドル決済から締め出すことにした。

既にトランプは三日の北朝鮮の六度目の核実験に対し、北朝鮮と取引する第三国との貿易停止を検討中だとツイートしていた。今回の独自制裁強化はそうした発信を裏打ちし、米国が主導している安保理での制裁強化とあわせ、北朝鮮の経済封鎖へ歩みを進めるものだ。

この金融制裁は、トランプが名指しを避けたブッシュ政権の反省もふまえていた。〇五年にブッシュ政権が金融制裁をすると、北朝鮮は強く反発して六者協議を拒み、〇六年に初の核実験を行った。その後ブッシュ政権は〇七年に金融制裁を解除し、拉致問題解決への圧力にと期待していた日本側の不満を募らせた。六者協議は再開したが〇八年にまた止まり、北朝鮮は〇九年から核実験を続けたのだ。

トランプは二一日、ニューヨークでの日米韓首脳会談で今回の独自制裁を説明した。トランプに就任前から制裁強化を説いてきた安倍はこれを歓迎し、会談後に記者団に「日米韓で北朝鮮に今までにない格段に高い圧力をかけ、政策を変えさせていく」と語った。

安倍は二〇日の国連総会での演説で、北朝鮮の第一次核危機以来の四半世紀を振り返って、こう語っていた。トランプとの二人三脚が如実に表れる決意表明だった。

「一九九四年、北朝鮮に核兵器はなく、弾道ミサイルの技術も成熟に程遠かった。それが今、水爆とICBM（大陸間弾道弾）を手に入れようとしている。対話による問題解決の試みは無に帰した。何の成算あって同じ過ちを繰り返そうというのでしょう」

中国識者の提言「最悪の事態に備えを」

一九九三〜九四年の第一次核危機の頃「ソウルは火の海になる」と脅していた北朝鮮は、いま「米本土は火の海になる」とうそぶく。九月二三日、外相の李は国連総会での演説で「トランプが「ロケット」と言って我が国の最高権威を侮辱しようとしたのは取り返しのつかない失敗だ。我々のロケットが米全土に落ちることは一層避けられない」と語った。

北朝鮮の核・ミサイル開発を止められなかった結果、日米間では太平洋を越えて脅威認識の差が狭まり、強硬論で一致する状況が生まれやすくなった。トランプと安倍は北朝鮮の脅威を強調し、「圧力が足りない」と日米同盟強化を唱える。韓国は大統領文在寅の対話姿勢を日米に懸念され、在韓米軍へのＴＨＡＡＤ配備を中国に反発されている。

一方で、朝鮮半島での混乱と米軍の影響力を嫌う中国国家主席の習近平とロシア大統領プーチンも連携し、「対話が足りない」と緊張緩和を唱える。だが、冷戦期に同じ社会主義陣営に属し、今も国境を接する友好国でありながら北朝鮮を制御できず、核実験や弾道ミサイル発射が起きるたびに対話の機運はしぼんでいる。

そして、「核保有国」として生き残ろうとする北朝鮮は、この米中ロ日韓との六者協議に二〇〇八年以来応じていない。

多国間外交の中枢である国連では、安保理が制裁決議を重ね、北朝鮮はこれに反発してさらに孤立を深めている。決議をめぐる交渉は、今世紀の国際秩序形成のカギを握る米中が基軸となってきたが、水面下の協議よりもまずは表で主張をぶつけるトランプ政権のスタイルの影響で荒れ気味となり、責任の押し付け合いも露呈している。

対話を唱えてきた中国でも、米朝の対立激化への危惧から、軍事衝突に備えるべしという識者の提言すら出始めた。

北京大学国際関係学院の院長賈慶国（チアチンクオ）は九月一一日付で、「北朝鮮で最悪の事態に備える時」との論考を「East Asia Forum」のサイトに寄稿した。対話への中国の努力を北朝鮮がほぼ無視しており、「朝鮮半島で戦争の兆しは増すばかりだ」と強調。中国は米韓が戦時計画について協議を求めても北朝鮮を刺激しないように応じてこなかったとし、「最近の状況をふまえれば米韓と協議を始めざるを得ない」という見方を示した。

北朝鮮は実際に、軍事行動に踏み切る「レッドライン」への言及を始めている。

国連総会での各国演説で二三日、北朝鮮外相の李は「北朝鮮は責任ある核保有国だ」と訴え、「米国による我々の指導部の「斬首」や我が国への攻撃の兆候があれば、容赦なき先制行動による予防措置をとるだろう」と警告した。米国防総省は同日、戦略爆撃機B１Bが北朝鮮の東側の国際空域まで行き、米国の戦闘機や爆撃機で「今世紀で最も北まで飛行した」と発表。すると李は二五日、「米国の戦略爆撃機が我が国の領空に入っていなくても、撃墜を含むあらゆる自衛的な対応をとる権利がある」との声明を発表した。

「国難突破解散」

二五日、ニューヨークでの国連総会から戻った安倍は首相官邸で記者会見を開き、衆院解散の方針を突然表明した。「国難突破解散」と銘打ち、少子高齢化と並ぶ「国難」として北朝鮮の核・ミサイル問題を挙げた。

国内で大きな意見の違いがないテーマでの解散に、野党は「大義なき解散」と反発した。そして、安倍や夫人昭恵の知人への優遇ではないかと指摘された森友・加計学園問題から逃れ、政権を維持しようと他党の選挙準備が整わないうちに強行したと批判した。

だが安倍には、北朝鮮への厳しい対応を国民に訴え続け、小泉内閣の官房副長官から首相にのぼり詰めた自負がある。第一次安倍政権当時、米ブッシュ政権の対北朝鮮金融制裁緩和に苦い思いをし、再び首相となってトランプと絆を深めた経験もふまえた、米朝関係への相場観があるのだ。四年前には特定秘密保護法を成立させ、米国の深い情報も手元に来るようになった。

衆院選公示が迫る一〇月八日、日本記者クラブでの党首討論会では、「なぜいま解散なのか」という指摘が続いた。安倍は自身の厳しい見立てを、六度目の核実験に対する九月の安保理制裁決議に引きつけて語った。

「決議で石油製品の三割の輸出制限がされ、(北朝鮮は)厳しくなっていく。事態は緊張し、圧力が必要になっていく。一一月にトランプ大統領が訪日する。習近平主席やプーチン大統領とも話し合うかもしれない。国民の信を得れば強い外交力になる。これは私の(再び首相となって)四年半の経験であります」

朝鮮半島の分断が続いたまま約七〇年。北朝鮮が核・ミサイル開発を推し進めて四半世紀。

日本では、時の首相が特定の国からの脅威を国難と訴え、圧力をかけようと国民に支持を呼びかける国政選挙が、戦後初めて実施された。

エピローグ　砂が落ちきる前に

二〇一七年一〇月二二日、衆院選の投開票が行われた。定数は前回より一〇減って四六五。首相安倍晋三を総裁とする自民党は、公示前と同じ二八四議席を得て勝利した。

安倍が北朝鮮の核・ミサイル問題を「国難」と呼び、衆院を解散しての選挙だ。全国遊説で大きな身ぶりを交え「北朝鮮の脅かしに屈してはならないんです。皆さん！」と訴えてきた。

北朝鮮は、中距離弾道ミサイルを発射した九月一五日以降、衆院選の期間中も含め核・ミサイルで目立った動きを見せなかった。だが、開票日夜の安倍の勝利の弁は、これまでと変わるところはなかった。「国民の信を得た力によって、まずしっかりと圧力をかけ、北朝鮮の側から政策を変えるから話し合いたいと言ってくる状況を作っていきたい」

その直前、外務省アジア大洋州局長の金杉憲治は一〇月二〇〜二一日にモスクワで開かれた核不拡散に関する国際会議に出席し、北朝鮮外務省北米局長の崔善姫(チェソンヒ)に接触を図っていた。だが、朝鮮中央通信は二八日、衆院選での安倍政権勝利について、「安倍一派が政治目的を達するため国民を欺き、日本列島を北朝鮮に敵対する茶番の劇場に変えた」とする北朝鮮の朝鮮アジア太平洋平和委員会の報道官談話を伝えた。日本ではその二日前、副総理の麻生太郎が東京都内でのパーティで「明らかに北朝鮮のおかげもありましょう」と語っていた。

そして、米大統領トランプが一一月上旬、初のアジア歴訪で日本、韓国、中国を回る。

日本では安倍と再びゴルフもして北朝鮮問題で結束を確認。共同記者会見で「首相は大量の兵器を買おうとしている」と語るトランプに、安倍は「米国からさらに購入することになるだろう」と応じた。ストックホルム国際平和研究所によると、一六年の世界の軍事費でアジア大洋州は前年比四・六％増。確認困難な北朝鮮を除いても地域別で最大の伸び率だ。その傾向を日米首脳が後押しした。

次に訪れた韓国での八日の国会演説には、大統領当選から一年で身につけた北朝鮮への姿勢が如実に表れた。ソウルを北朝鮮軍から奪還した朝鮮戦争以来の米韓同盟の絆と韓国の経済発展を称え、「その繁栄が終わる四〇㎞北の監獄国家」を牽制した。

「いまこの半島周辺に、戦闘機F35とF18を満載した世界最大の米空母三隻がいる。原子力潜水艦もいる。私は力による平和を求める」

「北朝鮮に言う。我々を見くびるな。試すな」

そして、中ロを含むすべての国は国連安全保障理事会の決議による経済制裁を徹底し、貿易を断つべきだとまで訴え、再び北朝鮮の委員長金正恩に向けて語った。

「北朝鮮はあなたの祖父が描いた楽園ではない。よりよい未来を我々が示そう。ただし、あなたの政権が攻撃的な姿勢をとらず、弾道ミサイル開発を止め、完全で検証可能な非核化をするのが先だ」

北朝鮮は応じない。九日、朝鮮労働党の機関紙・労働新聞は「トランプの無謀さが朝鮮半島に核戦争をもたらすかもしれない。責任はすべて米国にある。敵視政策と核による脅しを止めない限り、北朝鮮は核で応じる。この立場は決して変えない」と伝えた。

その日、トランプは北京で習近平と会談。人民大会堂での共同記者発表で、習は朝鮮半島の非核化へ安保理決議を徹底することを確認したと述べつつ、隣のトランプにクギを刺した。

「中米両国は対話と交渉による解決に全力を尽くす。朝鮮半島と北東アジアの平和と安定への道について関係国と話し合うことをいとわない」

それでも米軍は一一月中旬、実際に空母三隻が集結した異例の演習を西太平洋で一〇年ぶりに行った。一二日には日本海で海上自衛隊の護衛艦三隻と訓練を実施。米空母三隻と自衛隊の合同訓練は初めてで、制服組トップの統合幕僚長河野克俊は「北朝鮮を含めて日米同盟の絆を示せた」と語った。

中国が動く。習近平の特使として、共産党対外連絡部長の宋濤(ソンタオ)が一七～二〇日に北朝鮮を訪問。金正恩側近で朝鮮労働党副委員長の崔竜海(チェリョンヘ)らと会談した。中国国営新華社通信は「双方は朝鮮半島問題を話し合い、中朝関係の発展を推進する考えを表明した」と伝えた。

宋が北京へ戻った二〇日、ホワイトハウス。トランプは閣議で「北朝鮮をテロ支援国家に指定する」と表明した。ブッシュ政権が対話を進めようと〇八年に解除して以来の再指定だ。「残忍な政権を孤立させる「最大限の圧力作戦」を支えるものだ。金融制裁を最高レベルに引き上げる」と語った。

この時点で北朝鮮は約二カ月間、核実験や弾道ミサイル発射をしていない。「意図はわからない。チキンゲームだ」と日本外務省幹部は語る。

第二次世界大戦の直後、"to unite our strength to maintain international peace and security"(国際の平和と安全を維持するために我らの力を合わせ)と国連憲章に掲げ、その主要な役割を担う機関として安保理が生まれてから七二年。二〇一七年一一月までに約八一〇〇回の公式協議と約二四〇〇本の決議を重ねてきた。

米ソ冷戦が終わった一九八九年末の前と後を比べると、年平均で公式協議は二・八倍の一八六回、決議は四・二倍の六二本になった。忙しさが増している安保理の舞台裏では、数え切れない非公式協議と、さらに水面下での交渉が繰り広げられてきた。

北朝鮮は二〇〇六年の初の核実験以降、九度の制裁決議にもかかわらず、むしろそれを口実に核・ミサイル開発を推し進めている。この問題は冷戦直後の一九九〇年代、一強となった米国が仕切る地域的な問題として、米朝協議にほぼ独占されていた。それが今や安保理の最大の懸案の一つとなり、制裁決議の実効性をめぐって安保理の存在意義を揺るがしている。

「最悪の事態」（北京大学国際関係学院院長の賈慶国）へと、砂時計がさらさらと時を刻んでいるのかもしれない。落ち続ける砂の減り具合をどう見るのか、落ちきった時に何が起きるのか。安保理がこれだけ議論を重ねても、国際社会は危機感を共有できていない。金正恩自身、砂時計を揺すって砂をどんどん落としていることに、どこまで敏感なのかも定かでない。

最悪の事態をいかに避けるか。北朝鮮はもちろん、米中ロ英仏の五常任理事国の責任は重い。日本の役割も問われている。最悪の事態に巻き込まれる可能性が高い当事者としてだけではない。安保理でアジア太平洋地域の代表として、非常任理事国への当選回数が世界最多の一一回を重ね、「常任理事国として世界平和に積極的役割を果たす、変わらぬ決意」（安倍の二〇一七年の国連総会演説）を語る国としての役割だ。

国連安全保障理事会の議長席にある木槌（朝日新聞）

かつて国連政務官として安保理を舞台裏で支えた福岡女学院大学教授の川端清隆はこう語る。

「戦後日本にとって、北朝鮮の核・ミサイル危機は安全保障に直結する最大の懸案となった。平和的解決は日米同盟だけではなく、多国間外交の中心である国連の集団安全保障にかかっている。その責任を担う安保理はどうすれば機能するのか。過去の協議をふまえて対応することは、重層的な外交力を培う上で避けて通れない」

いま韓国大統領特別補佐官を務める文正仁（ムンジョンイン）も、「切迫しているからこそ過去に学ぶべきだ」と語る。北朝鮮と交渉経験のある日米韓の関係者が一〇月末に京都に集まったシンポジウムで、「どういう状況で合意が生まれ、実行がうまくいかなかったかを省みれば、より包括的なアプローチが見いだせる」と述べた。

北朝鮮との「対話のための対話」を批判する国々は、圧力をどう対話につなげるのか。また、北朝鮮への「圧力のための圧力」を批判する国々は、対話からどう解決を導くのか。そして安保理は、怒りを燃料にひた走る制裁マシーンではなく、「国際平和と安全の維持」を朝鮮半島で果たすべく、冷静に解決を探る場として貢献できるのか。

エスカレーションを止めねばならない。

対話の試みは過ちだったと訴えて圧力を急ぐためではなく、平和を実現する選択肢を突き詰めるために、先人の試行錯誤に向き合わねばならない。北朝鮮の核・ミサイル開発を止めようと国際社会が苦闘した四半世紀と、その背後に広がる歴史から謙虚に教訓を汲み取る努力が、いま求められている。

北朝鮮の核・ミサイル問題関連年表

年	出来事
一九八九	12月 冷戦での米ソ対立終焉
一九九〇	8月 イラクがクウェート侵攻
一九九一	1月 湾岸戦争開始。多国籍軍がイラク攻撃
	9月 北朝鮮と韓国が国連同時加盟
	12月 北朝鮮と韓国が朝鮮半島非核化宣言 ソ連崩壊
一九九三	3月 北朝鮮がNPT脱退宣言
	5月 安保理決議825(北朝鮮にNPT復帰要請) 北朝鮮が中距離弾道ミサイル・ノドン発射
一九九四	3月 南北対話で北朝鮮側が「ソウルは火の海になる」と発言
	6月 カーター元米大統領訪朝。軍事衝突回避
	10月 米朝枠組み合意(北朝鮮は核開発凍結、米国は日韓などと軽水炉提供)
一九九六	4月 米朝ミサイル協議開始
一九九八	8月 北朝鮮が長距離弾道ミサイル・テポドン発射
	9月 安保理報道向け談話(弾道ミサイルと明示せず懸念表明)
二〇〇〇	12月 クリントン米大統領が訪朝断念
二〇〇一	9月 米国で同時多発テロ
	10月 米国がアフガニスタン攻撃

各国の政権

国	政権(一九八九年～二〇〇一年、年代順)
北朝鮮	金日成 → 金正日
米国	ブッシュ(父) → クリントン → ブッシュ
日本	海部 → 宮沢 → 細川 → 羽田 → 村山 → 橋本 → 小渕 → 森 → 小泉
韓国	盧泰愚 → 金泳三 → 金大中
中国	江沢民
ロシア	(空欄) → エリツィン → プーチン

年	各国の政権 北朝鮮	米国	日本	韓国	中国	ロシア	出来事
二〇〇二	金正日	ブッシュ	小泉	金大中	江沢民	プーチン	1月 ブッシュ大統領がイラン、イラク、北朝鮮を演説で「悪の枢軸」と名指し 9月 小泉首相訪朝。初の日朝首脳会談で平壌宣言、北朝鮮が拉致認める 10月 北朝鮮が高濃縮ウランによる核開発計画を認めたと米国が発表
二〇〇三	金正日	ブッシュ	小泉	盧武鉉	胡錦濤	プーチン	1月 北朝鮮がNPT脱退宣言 3月 イラク戦争開始。米英先制攻撃 6月 イランのウラン濃縮による核開発疑惑が表面化 8月 北朝鮮と米中ロ日韓による六者協議開始
二〇〇四	金正日	ブッシュ	小泉	盧武鉉	胡錦濤	プーチン	5月 小泉首相が再訪朝し首脳会談
二〇〇五	金正日	ブッシュ	小泉	盧武鉉	胡錦濤	プーチン	9月 米国が北朝鮮への金融制裁発表 六者協議共同声明（北朝鮮が核放棄、米国は不侵略）
二〇〇六	金正日	ブッシュ	小泉／安倍	盧武鉉	胡錦濤	プーチン	7月 北朝鮮がテポドン2など弾道ミサイル七発発射 安保理決議1695（北朝鮮への初の非難決議） 10月 北朝鮮が初の核実験 安保理決議1718（北朝鮮への初の制裁決議）
二〇〇七	金正日	ブッシュ	安倍／福田	盧武鉉	胡錦濤	プーチン	3月 米国が北朝鮮への金融制裁解除発表 日本でミサイル防衛配備開始
二〇〇八	金正日	ブッシュ	福田／麻生		胡錦濤	メドベージェフ	6月 日朝協議で北朝鮮が拉致問題再調査を約束。その後見送り 10月 米国が北朝鮮へのテロ支援国家指定解除 12月 六者協議で北朝鮮の核放棄の進め方で対立。以降開かれず
二〇〇九	金正日		麻生		胡錦濤	メドベージェフ	4月 北朝鮮がテポドン2改良型発射 安保理議長声明（発射を決議違反と認め、国連加盟国に制裁完全実施要請） 5月 北朝鮮が二度目の核実験 6月 安保理決議1874（国連加盟国に領海での貨物検査要請）

二〇一〇	二〇一二	二〇一三	二〇一四	二〇一五	二〇一六	二〇一七

	金正恩			
オバマ	トランプ			
鳩山	菅	野田	安倍	
李明博	朴槿恵	文在寅		
	習近平			
	プーチン			

二〇一〇	3月	韓国軍哨戒艦「天安」が黄海で沈没
	7月	安保理議長声明（北朝鮮を名指しせず攻撃を非難）
	11月	北朝鮮軍が韓国の大延坪島砲撃
二〇一二	2月	米朝合意（北朝鮮は核開発と長距離ミサイル発射を一時停止、米国は食糧支援）
	4月	北朝鮮がテポドン2改良型の発射失敗 安保理議長声明（「さらなる発射や核実験には相応の行動」）
	9月	日本が尖閣諸島国有化
	12月	北朝鮮がテポドン2改良型発射
二〇一三	1月	安保理決議2087（制裁対象拡大）
	2月	北朝鮮が三度目の核実験
	3月	安保理決議2094（国連加盟国に領海での貨物検査義務化）
二〇一四	12月	安保理が北朝鮮の人権問題を初めて議題に採択
二〇一五	7月	イランが核開発疑惑解決へ五常任理事国・ドイツと合意
二〇一六	1月	北朝鮮が四度目の核実験
	2月	北朝鮮がテポドン2改良型発射
	3月	安保理決議2270（北朝鮮の石炭輸出を民生目的に限定）
	9月	北朝鮮が五度目の核実験
	11月	安保理決議2321（北朝鮮の石炭輸出に上限設定）
二〇一七	6月	安保理決議2356（ミサイル発射継続を非難。制裁対象拡大）
	7月	北朝鮮がICBM級を二度発射 核兵器禁止条約採択。北朝鮮や日米韓中ロは参加せず
	8月	安保理決議2371（北朝鮮の石炭輸出禁止）
	9月	北朝鮮が六度目の核実験 安保理決議2375（北朝鮮の石油輸入に上限設定）
	11月	米国が北朝鮮へのテロ支援国家再指定を表明

謝辞

この本は、二〇一七年九～一一月に朝日新聞夕刊で連載された「北朝鮮と安保理」(五六回)を元に、大幅に加筆したものだ。出版までほぼ一年。私が取材に本腰を入れたきっかけは、北朝鮮の核・ミサイル問題について、この本に頻繁に登場する国連安全保障理事会の非公式協議の内容を、一九九三年からの第一次核危機に遡って知る機会を得たことだった。

北朝鮮をめぐる問題の深さと広がりは果てしない。ふだん日本の外交・安全保障の報道に携わる私の手に負えるとは、正直思っていない。それでも今回の取材に挑んだのは、四半世紀にわたる安保理の模索を丹念に追うことで、危機感が募るばかりのこの問題の解決に向けた道筋や、そこまでいかずとも何らかのヒントを示せないかと思ったからだ。

非公式協議での一五理事国の応酬は示唆に富んでいた。冷戦構造というよりも、朝鮮戦争という「熱戦」の小康状態が続く朝鮮半島。そこで頭をもたげた北朝鮮の核開発をめぐり、冷戦をしのいだ米国と、台頭する中国がぶつかる。放置すれば「国際の平和と安全」を担う国連の要としての存在意義に関わるという責任感から、安保理はぎりぎりの妥協を重ねてきた。

だが、ニューヨークの会議室ですべては決まらない。その場に北朝鮮はほとんどいない。一九九〇年代には米朝協議、二〇〇〇年代には六者協議という北朝鮮を巻き込んだ舞台があった。もちろん米中などの二国間協議もある。それらと安保理が冷戦後の混沌の中でどう影響し合い、北朝鮮に核・ミサイル開発のエスカレートを許してしまったか。そこまで書ければと考えた。

無謀な試みを多くの方に助けていただいた。四半世紀にわたる数々の出来事や公の発言はできる限り公式資料に当たったが、先輩や同僚の記事、助言も頼りにした。北朝鮮問題を追った先達の著書はとても参考になった。及ぶべくもないが、重複は避けるよう心がけた。

過去を追体験して再現するには証言が欠かせず、国連外交や対北朝鮮政策に関わった三〇人ほどの方に貴重なお話を伺った。福岡女学院大学の川端清隆教授には特にお世話になった。国連政務官として紛争地での平和構築や安保理協議に関わられた経験を元に、安保理の実務面から、北朝鮮問題への対応の歴史と課題まで、幅広くご指導をいただいた。

岩波書店の中本直子氏にもお礼を申し上げる。川端氏と同様、安保理を軸に北朝鮮問題を考えるという手法に深い理解をいただき、出版に向けて叱咤激励をいただいた。

この本では終盤で現在に近づくほど、事象の選択と評価が難しくなった。一方で、特定の国からの攻撃について戦後日本でこれほど不安が広まったことはなく、とにかく今を伝えねばという記者根性で長くなった。その点を含め、評価を読者の皆様に委ねたい。

最後に、私を支えてくれている亡父、母、妻、息子と娘への、心からの感謝を記す。

二〇一七年一一月　千葉・浦安の自宅にて

藤田直央

藤田直央

1972年京都府生まれ．朝日新聞政治部外交・安保・憲法担当専門記者．
京都大学法学部卒業．朝日新聞社入社後，千葉支局，山形支局，政治部，米ハーバード大学国際問題研究所(客員研究員)，那覇総局，名古屋報道センター(デスク)等をへて現職．

エスカレーション
　北朝鮮 vs. 安保理　四半世紀の攻防

2017年12月13日　第1刷発行

著　者　藤田直央（ふじた なおたか）

発行者　岡本　厚

発行所　株式会社　岩波書店
〒101-8002 東京都千代田区一ツ橋 2-5-5
電話案内 03-5210-4000
http://www.iwanami.co.jp/

印刷・理想社　カバー・半七印刷　製本・松岳社

ISBN 978-4-00-022300-3　　Printed in Japan